3ds Max
三维动画设计

编著

李 宏
刘继敏

清华大学出版社
北京

内 容 简 介

本书分为 8 章，每章都阐述一个特定的主题。本书主要内容包括三维动画概述、基础动画制作、高级动画制作、MassFX 物理模拟系统、粒子系统及空间扭曲、灯光与摄影机、环境特效动画制作和渲染。

本书适合作为高等职业院校数字媒体技术、虚拟现实技术、动漫游戏制作等专业的教材，也可以作为培训机构人员或者 3ds Max 自学人员的参考用书。

图书在版编目（CIP）数据

3ds Max 三维动画设计 / 李宏，刘继敏编著 . —北京：清华大学出版社，2024.1
ISBN 978-7-302-65023-2

Ⅰ . ① 3… Ⅱ . ① 李… ② 刘… Ⅲ . ① 三维动画软件 – 教材 Ⅳ . ① TP391.414

中国国家版本馆 CIP 数据核字（2023）第 230803 号

责任编辑：郭丽娜
封面设计：曹 来
责任校对：袁 芳
责任印制：沈 露

出版发行：清华大学出版社
    网   址：https://www.tup.com.cn，https://www.wqxuetang.com
    地   址：北京清华大学学研大厦 A 座   邮   编：100084
    社 总 机：010-83470000   邮   购：010-62786544
    投稿与读者服务：010-62776969，c-service@tup.tsinghua.edu.cn
    质量反馈：010-62772015，zhiliang@tup.tsinghua.edu.cn
    课件下载：https://www.tup.com.cn，010-83470410
印 装 者：三河市龙大印装有限公司
经 销：全国新华书店
开 本：185mm×260mm   印 张：8.5   字 数：203 千字
版 次：2024 年 1 月第 1 版   印 次：2024 年 1 月第 1 次印刷
定 价：39.00 元

产品编号：102486-01

前　言

习近平总书记在党的二十大报告中提出："加快建设国家战略人才力量，努力培养造就更多大师战略科学家、一流科技领军人才和创新团队、青年科技人才、卓越工程师、大国工匠、高技能人才。"高等职业教育担负着培养高素质技术技能人才的重任。3ds Max软件伴随着数字技术的日益发展，已成为许多三维动画领域的必备工具，本书正是基于帮助读者熟悉并掌握3ds Max软件进行动画设计这个初衷而编写。

随着社会的发展，三维动画技术越来越多地被应用到了各个领域，3ds Max软件已成为许多三维动画领域的必备工具。本书构建的专业技术系统为读者提供了较为详尽的三维动画教学与路径，引领读者探索动画设计的技术张力，领略三维世界的艺术魅力。

本书涵盖了3ds Max的基础操作、建模、材质、灯光、动画制作等核心技能点。通过系统地学习，读者将掌握如何使用3ds Max创建逼真的动画效果，从简单的场景到复杂的角色动画。本书注重实践操作，通过大量的案例分析，让读者在实践中积累经验、提升技能。

全书分为8章，主要内容包括三维动画概述、基础动画制作、高级动画制作、MassFX物理模拟系统、粒子系统及空间扭曲、灯光与摄影机、环境特效动画制作和渲染。各章具体包含了详细的知识点讲解，有些章节还设计了实训练习，以帮助读者逐步掌握相关概念和技能。

本书汇集了编者多年的设计经验和教学经验，讲解简练、直观。每章都关注一个特定的主题，每个知识理念都配合相应的案例进行讲解，既可以作为高职高专等院校的专业教材，也适合作为业余自学或培训机构的教材使用。零基础的读者可以根据本书内容逐步掌握三维动画设计的步骤和方法，有一定基础的读者可以从中学习到新颖的设计和制作思路。

在本书的编写过程中，编者参考了大量文献，在此对文献作者表示感谢。

由于编著者水平有限，书中难免有不妥之处。真诚地希望专家及读者朋友提出宝贵意见，我们将不胜感激。

编著者
2023 年 9 月

工程文件

目　录

第1章

三维动画概述

本章内容

本章主要介绍三维动画的概念、发展和应用领域，以及计算机三维动画制作的主流软件、三维动画的创作流程等。

学习目标

- 了解三维动画的概念；
- 了解视图窗口的使用方法。

能力目标

- 熟悉三维动画制作的主流软件名称及特点；
- 掌握三维动画整体创作的流程。

1.1 三维动画的概念

三维动画又称 3D 动画，是随着计算机软硬件技术的发展、进步而产生的，是计算机图形图像技术与动画、艺术设计等相结合的交叉技术，主要利用拓扑学、图形学及其他相关学科的知识，通过计算机媒介在视图中制作具有三维空间效果的虚拟画面，并能够使静态画面形成连续的动态画面，从而使动画这一艺术形式更加真实、生动，更具有感染力。

三维动画在一定程度上解除了动画师们的创作限制，提供了一个充分展示个人想象力和艺术才能的新天地。它使得艺术创作的制作过程更为便捷，使得动画艺术的表现更加丰富多彩。随着计算机软硬件技术、信息技术、可视化技术的进步，三维动画逐渐成为动画产业的主流。

三维动画制作是艺术和技术紧密结合的创作过程。在制作时，一方面要在技术上充分实现剧本创意的要求；另一方面还要在画面色调、构图、镜头组接、节奏把握等方面进行艺术的再创造。与其他视觉艺术设计相比，三维动画艺术需要充分利用时间和空间概念，除了借鉴视觉艺术设计的相关法则外，更多是要按照影视艺术的规律进行创作和表达。

1.2 三维动画技术的发展

三维动画的起源要追溯到 20 世纪 60 年代，一些利用计算机技术的先驱者们，如美国科学家 Edwin Earl Catmull 等，开创了在电影制作中应用三维动画技术的先河，如《玩具总动员》《精灵鼠小弟》《神奇动物》等影视作品。应用三维动画技术塑造出精美的视觉效果，开启了三维动画技术的发展史。

20 世纪 90 年代，随着计算机在多个方面发挥着越来越重要的作用，三维动画也得以广泛应用，如《星球大战》《海底总动员》等影片，使用了大量的三维动画技术，更加逼真地描绘出影片中的世界。

20 世纪末期到 21 世纪初期，计算机技术发展飞快，三维动画也随之发展，不仅有大量的影视作品使用三维动画技术，如《变形金刚》《神奇四侠》《疯狂动物城》等，而且一些游戏也开始使用三维动画技术，如《失落的星球》《战神》等。其不仅在画面上有突出表现，更有惊人的游戏体验，让玩家们看到了虚拟世界的炫目美景。

现在，三维动画技术也迎来了新的突破，如虚拟现实技术、虚拟数字人技术等，可以让人们像在虚拟世界中一样自由自在。这种体验更能提升观赏者的视觉体验，让观众更加沉浸其中。这不仅能丰富影视行业的产品，也能给游戏行业带来更多的新体验。

从早期的计算机图形学实验到现代电影、游戏和虚拟现实等技术的广泛应用，三维动画经历了多个阶段和关键技术的演进。以下是三维动画的主要发展历史阶段。

（1）早期实验（1960—1970 年）：1961 年，Ivan Sutherland 开发了世界上第一个计算机图形学程序 Sketchpad，这被认为是三维图形学的先驱；1972 年，Edwin Earl Catmull 创建了第一个计算机生成的三维动画片《汤普森之门》。

（2）从 2D 到 3D 转变和早期特效（1980—1990 年）：1982 年，电影《星球大战：帝国反击战》使用计算机图形技术创建了第一个计算机生成的 3D 特效场景；1995 年，Pixar 公司发布了首部全 3D 动画电影《玩具总动员》，这标志着计算机动画电影开始崭露头角。

（3）数字特效和计算机动画电影的崛起（1990—2000 年）：1999 年，电影《精灵鼠小弟》进一步证明了计算机动画电影的商业潜力。

（4）电子游戏和虚拟现实的兴起（2000—2010 年）：电子游戏开始广泛采用三维图形技术，3D 游戏引擎，如 Unreal Engine 和 Unity 变得非常流行；虚拟现实和增强现实技术的发展推动了三维图形的创新，如 Oculus Rift 等设备的出现。

（5）现代 3D 动画和视觉效果（2010 年至今）：电影工业中，3D 动画电影如《冰雪奇缘》《疯狂动物城》《阿凡达》等影片在视觉上取得了巨大的成功；在游戏行业，逼真的

3D 图形和虚拟现实游戏得到广泛应用；三维动画和特效也在电视、广告、科学可视化等领域被广泛使用；三维动画的发展是计算机图形学、电影工业、游戏开发和虚拟现实等领域相互交织的结果，随着技术的不断进步和创新，三维动画在未来会继续发展壮大。

1.3　三维动画的应用

三维动画应用广泛，涵盖了影视动画、电子游戏、建筑/园林动画、产品演示、广告动画、虚拟现实等多个领域。随着技术的不断发展，它的应用范围将继续扩大。以下是一些三维动画的主要应用。

1.3.1　影视动画

从简单的几何体模型到复杂的生物模型，从单个的模型展示到复杂场景（如道路、桥梁、隧道等线型工程和小区、城市等场地工程）的景观设计，以及影视特效的制作、合成等，三维动画突破了影视画面的拍摄局限，在视觉效果上弥补了拍摄的不足，带给人们更加真实和刺激的视觉效果。

1.3.2　电子游戏

电子游戏在最近几年消费需求旺盛、市场潜力巨大。当前，各种大型的终端游戏，普遍由复杂的三维动画技术制作而成，包括相关的模型、动作、特效等，具有很强的真实性和交互性。可以预见，在今后相当长的时间内，电子游戏将会是三维动画应用的重要领域。

1.3.3　建筑、园林动画

现阶段，三维动画技术在建筑领域、园林景观领域得到了广泛应用。早期的建筑动画、园林景观动画因为技术上的限制和创意制作上的单一，制作出的是简单的摄影机动画。随着 3D 技术的提升与创作手法的多元化，建筑、园林动画的制作过程涵盖了脚本创作、精良的模型制作、后期的电影剪辑，以及原创音乐音效、情感式的表现，从而制作出的动画效果更为真实生动。

1.3.4　产品演示动画

产品演示动画包括工业产品动画，如汽车动画、飞机动画、火车动画等；电子产品动画，如手机动画、医疗器械动画等；机械产品动画，如机械零部件动画、油田开采设备动画等；产品生产过程动画，如产品生产流程动画、生产工艺动画等动画演示。产品演示动画可以将产品的设计、制作、使用等，以更加直观的形式展现，用于指导生产、展示最终产品效果、吸引消费者的注意等。

1.3.5 广告动画

广告动画是使用创意来吸引受众注意的动画形式，是现代广告普遍采用的一种表现方式。广告动画中一些画面有的是纯动画的，有的是实拍和动画相结合的。三维动画技术将最新的技术和最好的创意应用在片头、广告中，深刻地影响着它们的制作模式和发展趋势，如图 1-1 所示。

1.3.6 虚拟现实

三维动画在虚拟现实（virtual reality, VR）领域的应用扩展了虚拟现实的潜力，使其更加生动、有趣，更具有互动性。它在多个领域中发挥了重要作用，从教育到娱乐，从医疗到设计，都在增强用户体验、提高效率和降低成本方面发挥了积极作用，如图 1-2 所示。

图　1-1　　　　　　　　　　　　　　　　图　1-2

1.3.7 其他领域

三维动画技术还被广泛应用于医学、教育、生物、化学等诸多领域，不断地为人们的工作、学习及生活提供便利。

1.4　三维动画制作的主流软件

目前，在动画制作领域主流的制作软件有 3ds Max、Maya、Cinema 4D 等，如图 1-3 所示。

(a) 3ds Max　　　　　　(b) Maya　　　　　　(c) Cinema 4D

图　1-3

1.4.1 3ds Max

3ds Max 最初是由 Discreet 公司（后被 Autodesk 公司收购）开发的三维动画制作和渲染软件，其优点包括多线程运算能力、强大的建模和动画工具、出色的材质编辑系统以及对多处理器并行计算的支持，这使得它成为众多三维动画制作者和公司的首选工具。3ds Max 作为一款持续更新和改进的三维建模和动画软件，通过不断提高效率、性能和稳定性，为用户提供更好的工作体验。这些更新和改进包括对修改器的增强、对 OSL（open shading language）着色的支持及改进的动画预览等。

1.4.2 Maya

Maya 是美国 Autodesk 公司出品的三维动画制作软件，从推出就凭借其功能完善、操作灵活、易学易用、制作效率高、渲染真实感强等特点保持着强劲的增长势头，现已成为电影级别的高端制作软件，长期被应用于影视动画和特技制作中，包括《星际战队》《指环王》等影片中的电脑特技部分制作都是由它所完成的。

1.4.3 Cinema 4D

Cinema 4D 字面意思是 4D 电影，不过它本身是 3D 的表现软件，由德国 MAXON Computer 公司开发。它以极高的运算速度和强大的渲染插件著称，很多模块的功能在同类软件中代表科技进步的成果，并且在应用其描绘的各类电影中表现突出。随着 Cinema 4D 技术越来越成熟，越来越多的电影公司重视它，可以预见其前途必将更加光明。

Cinema 4D 应用广泛，在广告、电影、工业设计等方面都有出色的表现，例如，影片《阿凡达》的部分场景由花鸦三维影动研究室中国工作人员使用 Cinema 4D 制作而成。Cinema 4D 正在成为许多一流艺术家和电影公司的首选，它也逐步走向成熟。

思考与练习

1. 动画制作中常用的色彩模式有_____、_____和_____三种。
2. 三维动画技术可以应用在哪些方面？
3. 三维动画制作的主流软件有哪些？其特点是什么？

第2章

基础动画制作

本章内容

3ds Max 提供了大量的动画制作工具，它具有强大的动画制作功能，既可以制作简单的基础动画，也可以制作复杂的高级角色动画、MassFX 物理模拟动画、粒子动画等。另外，动画还可以与一些修改器、灯光应用密切联系，通过编辑这些修改器，以及变化灯光、摄影机，就可以制作动画。总之，对象的任何变化都可以记录成动画，并以数字格式保存。

学习目标

- 了解动画的基础知识；
- 熟悉视图窗口的使用方法。

能力目标

- 掌握关键帧动画设置的使用方法；
- 掌握约束动画控制器的功能和使用方法；
- 掌握动画修改器的使用方法。

2.1 动画的基础知识

2.1.1 动画控制区

动画控制区位于 3ds Max 软件界面窗口底部的状态栏和视图控制区之间，如图 2-1 所示，主要用于动画关键帧设置、动画播放及动画时间控制等。动画控制区的常用工具及作

图　2-1

用如下。

（1）"自动"：单击此按钮，激活自动记录关键点模式，对象的所有变换、参数调整等都会自动设置成关键帧，并记录在轨迹栏中。

（2）"设置关键点"：单击此按钮，可为选择对象在轨迹栏上设置关键点。"设置关键点"按钮又称手动记录关键点模式，在 3ds Max 中设置关键点是为了创建动画。关键点是定义动画中对象属性的重要时间点，它们可以确定对象在不同时间的位置、旋转、缩放和其他动画属性。以下是在 3ds Max 中设置关键点的一般操作。

① "选定对象"：在使用"设置关键点"模式时，可快速选择操作对象。

② "新建关键点的默认出 / 入切线"：此按钮为新建的动画关键点提供切线类型。

③ "过滤器"：单击此按钮打开"设置关键点过滤器"对话框，可以指定创建关键点所在的轨迹。

④ "转至开头" / "转至结尾"：单击此按钮，时间滑块快速跳至第 0 帧 / 最后一帧。

⑤ "上一帧" / "下一帧"：单击此按钮，时间滑块回到前一帧 / 移动到下一帧。

⑥ "播放" / "停止"："播放"按钮在活动视口中播放动画。在播放动画时，"播放"按钮将变为"停止"按钮，此时单击"停止"按钮，时间滑块会停止在当前帧。

⑦ "关键点模式"：使用"关键点模式"，时间滑块在轨迹栏中的关键帧之间将直接跳转。

2.1.2　轨迹栏与时间滑块

轨迹栏提供了显示帧数（或相应的显示单位）的时间线，用于移动、复制和删除关键点，以及更改关键点属性等。在视口中选择一个对象，轨迹栏上就会显示其动画关键点。轨迹栏还可以显示多个选定对象的关键点，如图 2-2 所示。时间滑块代表当前帧，通过将其移动到活动时间段的任何帧上，进而观察和设置不同的时间点和动画效果。时间滑块左侧和右侧两个数字分别表示当前时间滑块所在的帧数和动画终止帧数，图 2-2 所示为当前时间滑块在第 0 帧，动画终止帧数为第 100 帧。

图　2-2

2.1.3　"时间配置"对话框

单击动画播放控制区中的"时间配置"按钮，弹出"时间配置"对话框，如图 2-3 所示。该对话框提供了"帧速率""时间显示""播放"和"动画"设置。通过这些设置可以更改动画长度，设置活动时间段、开始帧和结束帧等。"帧速率"组、"播放"组、"动画"组、"关键点步幅"组等参数。

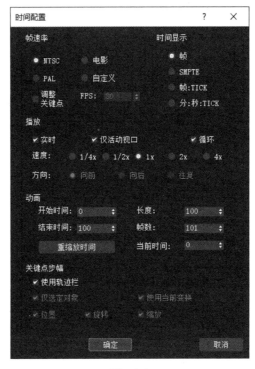

图　2-3

2.2　关键帧动画设置

关键帧动画是最基本的动画制作手段，主要记录对象的移动、旋转、缩放变化。3ds Max 有两种记关键帧动画方式，可以根据习惯选择使用"自动关键点"或"设置关键点"的方式来创建关键帧动画，使用方法如下。

"自动关键点"方式：单击该按钮，将时间滑块移动到合适的时间帧，然后更改场景中的对象，包括对象的位置、旋转或缩放的参数等。

"设置关键点"方式：单击该按钮，将时间滑块移动到合适的时间帧，然后更改场景中的对象。若要将物体的更改记录为动画，则需要配合"锁定"按钮来指定关键帧。

2.2.1　创建自动关键帧

小球动
画 -1.mp4

下面以"自动关键点"的方式来制作小球摆动的关键帧动画。单击动画面板中的"自动关键点"按钮，该按钮显示为红色状态，实现步骤如下。

（1）将时间滑块拖动到第 25 帧处，单击主工具栏中的"旋转"按钮，在前视图中选择球体对象，如图 2-4 所示，按住鼠标左键沿 Y 轴向下拖动鼠标，将球体旋转一定角度，如图 2-5 所示。

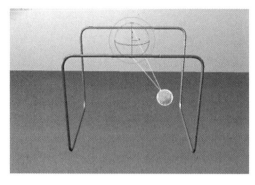

图　2-4

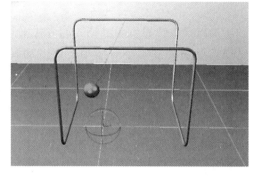

图　2-5

（2）将时间滑块拖动到第 50 帧处，单击主工具栏中的"旋转"按钮，在前视图中选择球体对象，按住鼠标左键沿 Y 轴向下拖动鼠标，将球体旋转一定角度，如图 2-6 所示。

（3）保持球体的选择状态，将时间滑块拖动到第 75 帧处，继续沿 Y 轴方向旋转一定的角度，如图 2-7 所示。

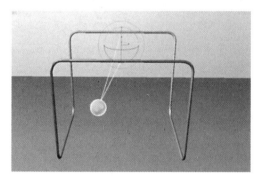

图　2-6

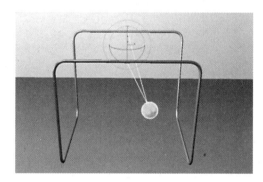

图　2-7

（4）将时间滑块拖动到第 100 帧处，单击主工具栏中的"旋转"按钮，在前视图中选择球体对象，按住鼠标左键沿 Y 轴向下拖动鼠标，将球体旋转一定角度，如图 2-8 所示。

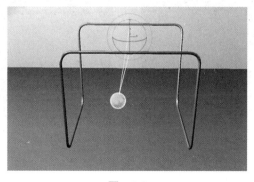

图　2-8

（5）在设置完成后，可以单击"播放"按钮，播放效果动画。

2.2.2 创建设置关键帧

下面以"创建设置关键帧"的方式来制作小球摆动效果。

（1）设置关键帧小球摆动，单击动画控制区面板下的"自动"按钮，效果如图2-9所示。

（2）单击动画控制区的"设置关键点"按钮，该按钮显示为红色状态，拖动时间滑块到第10帧，将最左边的小球通过"旋转"工具移动到其他三个小球的旁边，单击左边的"设置关键点"按钮。这样手动关键帧的设置就完成了，效果如图2-10所示。

图　2-9

图　2-10

（3）按照（2）的操作，通过主工具栏中的"旋转"按钮，设置左边小球分别在第30、40、50、70、80、90、100帧的位置，设置右边小球分别在第20、30、50、60、70、90、100帧的位置，手动设置旋转动画效果，效果如图2-11～图2-13所示。

图　2-11

图　2-12

（4）在设置完成后，可以单击"播放"按钮，播放效果动画。

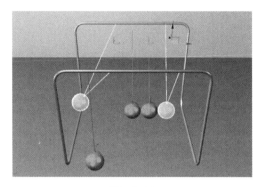

图　2-13

2.3　约束动画控制器

约束动画控制器工具可以实现动画制作过程的自动化。它们通过与其他对象的绑定关系，控制对象位移、旋转和缩放等。约束动画控制器需要一个约束对象及至少一个目标对象，目标对象对约束对象施加特定的限制。例如，如果要设置飞机沿着预定跑道起飞的动画，则应使用路径约束限制飞机按照样条线路径进行运动。3ds Max 中的约束功能主要有以下两种。

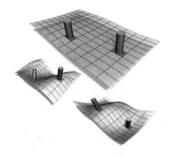

图　2-14

（1）"附着约束"：将对象的位置附着到另一个对象的表面上，其效果如图 2-14 所示。

（2）"曲面约束"：将对象的位置限制到另一个对象的曲面上，其效果如图 2-15 所示。

2.3.1　约束定义

"路径约束"是将对象约束在样条线上，使其沿着该样条线移动，或者在多个样条线之间以平均间距进行移动，其效果如图 2-16 所示。

图　2-15

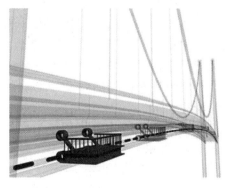

图　2-16

2.3.2 注视约束

"注视约束"会控制约束对象的方向，使它一直注视另外一个或多个对象。例如，将角色的眼球约束到目标对象，然后眼睛会一直注视着对象，如果对目标对象设置动画，那么眼睛会跟随它运动，即使旋转了角色的头部，眼睛仍会锁定在目标对象上。

"注视约束"卷展栏如图 2-17 所示，包括"选择注视轴"组、"选择上方向节点"组、"上方向节点控制"组、"源/上方向节点对齐"组等参数。

2.3.3 方向约束

"方向约束"的约束对象可以是任何可旋转的对象。在受约束时，约束对象会从目标对象继承其旋转。一旦约束，便不能手动旋转该约束对象，但是仍然可以移动或缩放该对象。目标对象可以是任意类型的对象，它的旋转会带动约束对象。"方向约束"卷展栏如图 2-18 所示。

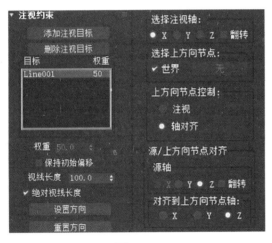

图 2-17

图 2-18

2.3.4 案例：注视动画的制作

雪人注视
动画.mp4

学习目标：掌握注视动画的操作方式和参数调节。

知识要点：通过动画控制器的添加和参数调节，结合自动关键帧动画，来调整注视约束的实现，实现不同物体间的相互影响。

注视动画制作中的初始效果文件，如图 2-19 所示。

实现步骤如下。

（1）选择图 2-19 中雪人的一个黑色眼球，再选择"动画"→"约束"→"注视约束"命令，如图 2-20 所示。这样就为眼球物体指定了注视约束控制器，然后切换到运动面板，将"注视约束"卷展栏下的"保持初始

图 2-19

偏移"选中,如图 2-21 所示。同理,另外一个眼球按照相同的操作注视约束到前方的小球。

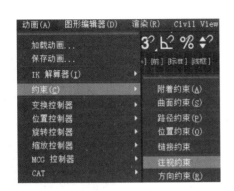

图 2-20

图 2-21

（2）单击时间轴下方的"自动"按钮,然后在视图中选择黄色小球,开始设置小球的移动动画,在第 25 帧小球的移动位置如图 2-22 所示,在第 50 帧小球的移动位置如图 2-23 所示,在第 75 帧小球的移动位置如图 2-24 所示,在第 100 帧小球的移动位置如图 2-25 所示。在小球动画设置完成,单击"自动"按钮,关闭动画设置,单击"播放"按钮,播放效果动画。

图 2-22

图 2-23

图 2-24

图 2-25

2.4 常用动画修改器

2.4.1 路径变形修改器

路径变形修改器将样条线或 NURBS 曲线作为路径使用,设置对象的移动轨迹。通过该修改器,可以沿着该路径移动和拉伸对象,也可以沿着该路径旋转和扭曲对象。要使用"路径变形"修改器,首先选中路径变形对象应用该修改器,然后单击拾取路径按钮并选择样条线或曲线。将对象指定给路径,就可以调整其参数,使对象沿着路径的 Gizmo 变形或设置动画。"参数"卷展栏如图 2-26 所示。

图 2-26

2.4.2 柔体修改器

柔体修改器通过对象顶点之间的虚拟弹力线来模拟柔体效果。通过设置弹力线的刚度,可以有效控制顶点如何接近、如何拉伸,以及设置移动的距离。该修改器通过"顶点"控制对象移动,还可以通过"顶点"控制倾斜值及弹力线角度的更改,效果如图 2-27 所示。

柔体修改器能够应用于多边形、面片、FFD 空间扭曲及任何可变形对象,也可与"重力""风""马达""推力"和"粒子爆炸"等空间扭曲一起使用,模拟出逼真的动画效果。另外,柔体修改器还可以对可变形对象应用导向器来模拟碰撞。对于角色动画而言,在"蒙皮"修改器之上使用柔体修改器可为动画角色添加辅助运动效果,包括在应用 Physique 修改器的 Biped 动画角色上添加柔体修改器,效果如图 2-28 所示。

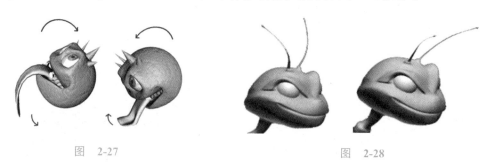

图 2-27   图 2-28

2.4.3 "变形器"修改器

使用"变形器"修改器可以将多边形、面片或 NURBS 模型从一个形状变形为另一个形状,还可以应用于样条线形状和 FFD 自由变形器,效果如图 2-29 所示。此外,"变形器"修改器还支持材质变形等。"变形器"修改器一般用于三维角色的面部表情和口型变化,也可以用于更改任意三维模型的形状。它为变形目标和材质提供 100 个通道，从而混合这些通道的百分比来调整模型的形态。

在将变形器应用多边形对象时，基础对象和目标对象的顶点数必须相同。

图　2-29

2.4.4　案例：丝带飞舞动画的制作

学习目标： 掌握路径变形的操作方式和参数调节。

知识要点： 通过路径变形修改器的添加和参数调节，结合自动关键帧动画，制作丝带飞舞的动画效果。

实现步骤如下。

（1）打开创建面板下的"扩展几何体"面板，创建一个切角长方体，"参数"设置如图 2-30 所示。

（2）在创建面板中的样条线中，单击"文本"按钮创建文字，输入文字"路径变形绑定（WSM）"，并设置大小为 30，字间距为 1.2。在渲染卷展栏中，将"在渲染中启用""在视口中启用"勾选，将径向组下的厚度和边分别输入 1.5 和 12，如图 2-31 所示。在设置完成后的效果如图 2-32 所示。

路径变形
绑定 .mp4

图　2-30

（3）将创建的文字放在切角长方体的上面，与其对齐。打开创建面板下的样条线面板，创建一条螺旋线，参数设置如图 2-33 所示。创建完后的场景如图 2-34 所示。

（4）框选创建完成的切角长方体和文字，在修改器列表中添加"路径变形绑定"修改器，如图 2-35 所示。然后单击"拾取路径"按钮，将视图中的螺旋线拾取进来。最后，单击"转到路径"按钮。

（5）打开"自动关键点"按钮，拖动时间滑块到第 0 帧的位置，修改百分比为 –21，如图 2-36 所示。拖动时间滑块到第 50 帧的位置，修改百分比为 49，如图 2-37 所示。拖动时间滑块到第 100 帧的位置，修改百分比为 119，如图 2-38 所示。

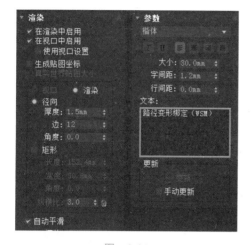

图 2-31

图 2-32

图 2-33

图 2-34

图 2-35

图 2-36

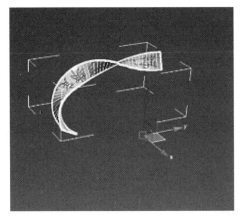

图　2-37

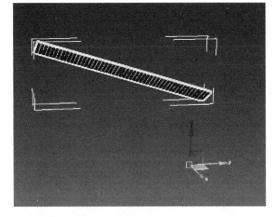

图　2-38

2.5　实训：发动机皮带动画

本节我们制作发动机皮带动画，如图 2-39 所示。实现步骤如下。

（1）打开发动机模型，在左视图创建一个样条线，调整顶点位置，效果如图 2-40 所示。

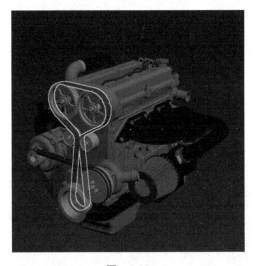

图　2-39

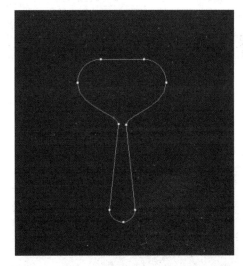

图　2-40

（2）单击"使用程序"下的"测量"工具，记录样条线的长度，效果如图 2-41 所示。

（3）创建一个长方体，长度与样条线等长，宽度 25mm，高度 2mm，长度分段 200，效果如图 2-42 所示。

（4）选择上面的边，使用"挤出"工具挤出 3mm，挤出方式为"按多边形"，切换"缩放"工具，参考坐标系"使用轴点中心"，沿 Y 轴向内拖曳，效果如图 2-43 所示。

（5）创建一个圆形，中心对齐大轮，调整半径使其与大轮一致，效果如图 2-44 所示。

17

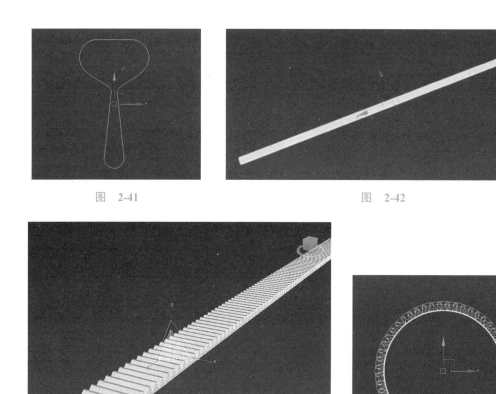

图 2-41   图 2-42

图 2-43   图 2-44

（6）单击"使用程序"下的"测量"工具，记录圆形的周长，效果如图 2-45 所示。

（7）创建一个圆形，中心对齐小轮，调整半径使其与小轮一致。单击"使用程序"下的"测量"工具，记录圆形的周长，效果如图 2-46 所示。

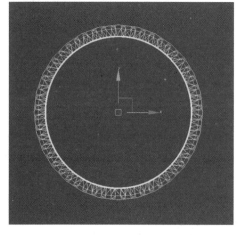

图   2-45

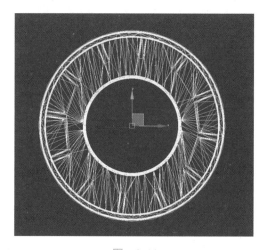

图   2-46

（8）创建一个圆形，中心对齐动力轮，调整半径使其与动力轮一致。单击"使用程序"下的"测量"工具，记录圆形的周长，效果如图2-47所示。

（9）选择长方体，添加"路径变形"修改器，"拾取路径"，路径变形轴为Y轴，单击"翻转"按钮，效果如图2-48所示。

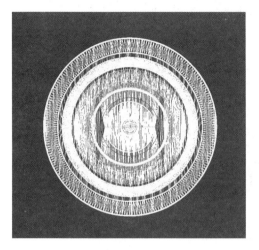

图 2-47

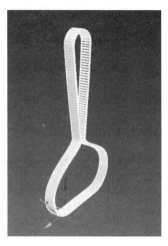

图 2-48

（10）将其移动到适当位置，效果如图2-49所示。

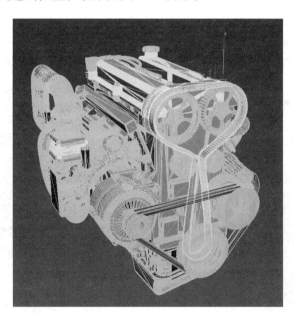

图 2-49

（11）选择动力轮，右击"连接参数"，依次选择"变换"→"旋转"→"X轴旋转"命令，接着单击皮带选择"修改对象"→"路径变形"→"沿路径百分比"命令。在弹出的对话框的右下框中输入"X_轴旋转"后输入 *−0.178，单击向右的箭头，单击"链接"按钮，效果如图2-50所示。

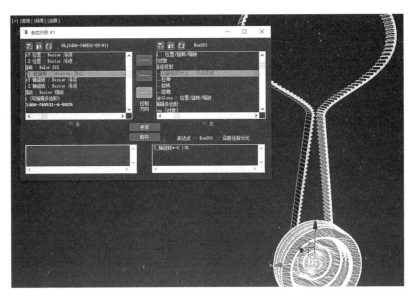

图 2-50

（12）选择动力轮，右击"连接参数"，然后依次选择"变换"→"旋转"→"X 轴旋转"命令，接着单击小轮选择"变换"→"旋转"→"X 轴旋转"命令。在弹出的对话框的右下框中输入"X_轴旋转"后输入 *－1.22，单击向右的箭头，单击"链接"按钮，效果如图 2-51 所示。

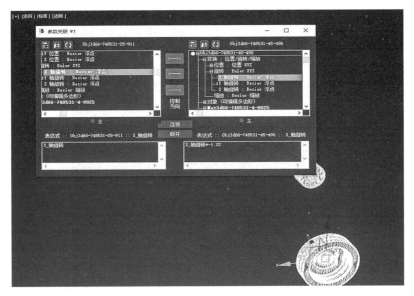

图 2-51

（13）选择动力轮，右击"连接参数"，然后依次选择"变换"→"旋转"→"X 轴旋转"命令，接着单击大轮选择"变换"→"旋转"→"X 轴旋转"命令。在弹出的对话框的右下框中输入"X_轴旋转"后输入 *0.573，单击向右的箭头，单击"链接"按钮，效果如图 2-52 所示。

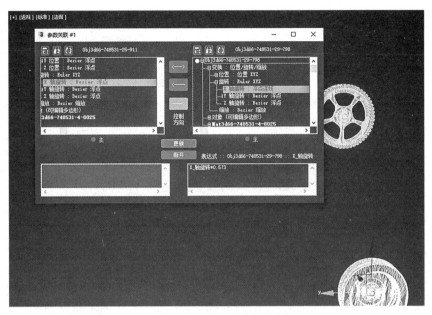

图 2-52

（14）选择左侧大轮，右击"连接参数"，然后依次选择"变换"→"旋转"→"X 轴旋转"命令，接着单击右侧大轮选择"变换"→"旋转"→"X 轴旋转"命令。单击向右的箭头，单击"链接"按钮，效果如图 2-53 所示。

图 2-53

（15）选择左侧小轮，右击"连接参数"，然后依次选择"变换"→"旋转"→"X 轴旋转"命令，接着单击右侧小轮选择"变换"→"旋转"→"X 轴旋转"命令，单击向右的箭头，单击"链接"按钮，效果如图 2-54 所示。

图　2-54

（16）单击"时间配置"按钮，将结束时间设置为 360，单击"确定"按钮，效果如图 2-55 所示。

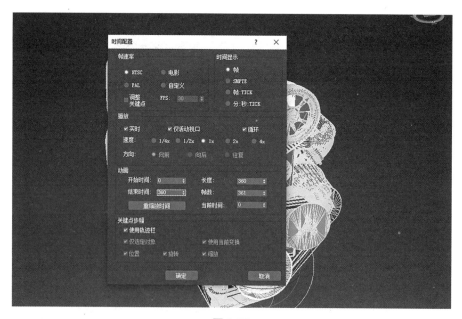

图 2-55

（17）单击"自动关键点"按钮，时间线变为红色，拖动滑动条到最后一帧，旋转动力轮切换为"旋转"工具，旋转动力轮 360°，单击"自动关键点抬起"按钮。至此，发动机皮带动画就制作完成了，效果如图 2-56 所示。

图　2-56

 实训评价

"发动机皮带动画"实训评价表如表 2-1 所示。

表 2-1　"发动机皮带动画"实训评价表

序号	工作步骤	评　分　项	评　分　标　准	得　分		
				自评	互评	师评
1	课前学习评价（30分）	完成课前任务作答（10分）	规范性 30% 准确性 70%			
		完成课前任务信息收集（5分）				
		完成任务背景调研 PPT（5分）				
		完成线上教学资源的自主学习及课前测试（10分）				
2	课堂评价与技能评价（40分）	积极主动，答题清晰（10分）	表现积极主动，踊跃回答问题，5分 协助教师维护良好课堂秩序的，5分			
		熟练掌握课堂所讲知识点内容（10分）	根据知识点掌握程度酌情扣分，熟练 10分，一般 8分，需要协助 6分			
		熟练操作完成课堂练习（14分）	根据软件操作熟练程度酌情扣分，熟练 14分，一般 11分，需要协助 8分			
		实现案例模型的创建（6分）	独立实现案例模型创建，实现所有要点满分，少一个点扣 2分			

续表

序号	工作步骤	评 分 项	评 分 标 准	得	分	
				自评	互评	师评
3	态度评价（30分）	良好的纪律性（10分）	课堂考勤 3 分 服从管理 4 分 敬业认真 3 分			
		主动探究，能够提出问题和解决问题（10分）	态度积极 5 分 独立思考 3 分 乐于创新 2 分			
		团队协作能力（10分）	参与讨论 2 分 承担责任 2 分 乐于分享 3 分 领导能力 3 分			
合　　计				10	20	70

思考与练习

1. _____提供了显示帧数（或相应的显示单位）的时间线，用于移动、复制和删除关键点，以及更改关键点属性等。

2. _____动画是最基本的动画制作手段，主要记录对象的移动、旋转、缩放变化。

3. _____需要一个约束对象及至少一个目标对象，目标对象对约束对象施加特定的限制。

4. 路径变形修改器将_____或 NURBS 曲线作为路径使用，设置对象的移动轨迹。

5. 柔体修改器通过对象顶点之间的虚拟弹力线来模拟_____。

第3章

高级动画制作

本章内容

本章主要介绍 3ds Max 中的层次链接、骨骼、蒙皮，以及 Character Studio（角色系统）组件中的 Biped、Physique 等角色动画制作工具的使用方法和完整流程。其中，角色动画是动画控制中最复杂、最具有挑战性的内容。一个完整的角色，包含骨骼、蒙皮、变形器、关键帧等内容，需要使用的工具及参数烦琐。因此，角色动画是高级动画里难度较高的内容。

学习目标

- 了解层次链接面板的基础知识；
- 熟悉 IK 反向运动系统的基础知识及 IK 解算器的使用。

能力目标

- 掌握骨骼系统的基本使用方法；
- 掌握 Character Studio 组件中的 Biped、Physique 等角色动画制作工具的使用方法。

3.1 层 次 链 接

在制作三维动画时经常会用到链接工具（将一个对象与另一个对象进行链接的工具），从而制作出具有父子链接关系的动画。除了链接工具，使用者还可以利用层次链接工具，将多个对象链接在一起，从而形成链的效果。层次链接及其层次示意图如图 3-1 所示。

3ds Max 使用家族树的概念来描述使用层次链接后的多个对象之间的关系。

（1）层次：在一个单独结构中，相互链接在一起的所有父对象和子对象。

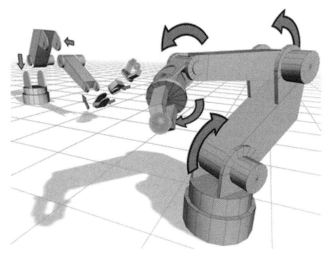

图　3-1

（2）父对象：控制一个或多个子对象的对象。一个父对象通常也被另一个更高级别的父对象控制。

（3）子对象：父对象控制的对象。子对象也可以是其他子对象的父对象。

（4）祖先对象：一个子对象的父对象，以及该父对象的所有父对象。

（5）派生对象：一个父对象的子对象，以及子对象的所有子对象。

（6）根对象：层次中的唯一比所有对象的层次都高的父对象，所有其他对象都是根对象的派生对象。

（7）子树：所选父对象的所有派生对象。

（8）分支：在层次中从一个父对象到一个单独派生对象之间的路径。

（9）树叶：没有子对象的对象，分支中最低层次的对象。

（10）链接：父对象及其子对象之间的链接，将位置、旋转和缩放信息从父对象传递给子对象。

（11）轴点：为每一个对象定义局部中心和坐标系统。

3.1.1　轴命令面板

3ds Max 中的"层级"→"命令"面板专用于控制层级链的情况，主要包括"调整轴"和"调整变换"两种卷展栏，其常用参数如图 3-2 所示。

1."调整轴"卷展栏

使用"调整轴"卷展栏中的按钮可以随时调整对象的轴点位置和方向，如图 3-2（a）所示。调整对象的轴点不会影响链接到该对象的任何子对象，但不能为"调整轴"卷展栏中的功能设置动画。调整轴包含"移动/旋转/缩放"组、"对齐"组、"轴"组等参数。

2."调整变换"卷展栏

"调整变换"卷展栏如图 3-2（b）所示，它包含"移动/旋转/缩放"组、"重置"组等参数。

(a)   (b)

图　3-2

3.1.2　链接信息命令面板

默认情况下，层级链中的子对象可以继承父对象的所有变换效果，这就是运动继承特性。可以在"层级"→"链接信息"中锁定任意对象的轴和变换方式，并控制子对象的运动继承状态。在链接信息命令面板中有以下两种卷展栏，如图 3-3 所示。

1."锁定"卷展栏

"锁定"卷展栏包括阻止特定轴变换的复选框，如图 3-3（a）所示。选择"移动"组、"旋转"组或"缩放"组中的任何选项均可以锁定相应的轴。例如，在旋转选项中将 X 轴和 Y 轴锁定勾选后，物体只能围绕 Z 轴旋转。

2."继承"卷展栏

"继承"卷展栏用于约束对象与其父对象之间的链接，包括在各个轴向上的移动、旋转和缩放，如图 3-3（b）所示。取消勾选"移动"组、"旋转"组或"缩放"组中的轴，可以取消对象在该轴向的运动继承。

(a)   (b)

图　3-3

3.2　正向运动学 / 反向运动学系统

3.2.1　正向运动和反向运动

3ds Max 层级链包括两种运动学系统：一种是正向运动学（frontal kinematics, FK）系统，另一种是反向运动学（inverse kinematics, IK）系统。

FK 系统和 IK 系统是控制角色动画最基本的工具。其中，IK 比 FK 更加常用。FK 系统是层级链默认的运动控制系统，不需要额外进行设置，而 IK 系统则需要进行指定。FK 系统按照父对象到子对象的链接顺序进行层次链接，并以此继承位置、旋转和缩放变换，轴点位置代表链接对象的链接轴点。在 FK 系统链接中，当父对象移动时，它的子对象也必须跟随其移动。如果子对象单独移动，则父对象将保持不动。例如，在人体骨骼的层次链接中，当躯干（父对象）弯腰时，头部（子对象）将跟随其一起运动，但是若单独转动头部，则不引起躯干的运动，其层次链接如图 3-4 所示。

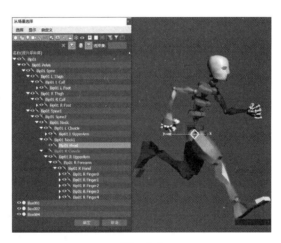

图　3-4

IK 系统相对于 FK 系统的使用要复杂一些。IK 的设置取决于链接和轴点位置，并把它们作为基础，使整个链接对象受特定的位置和旋转的约束，父对象的位置和方向主要由子对象的位置和方向来确定。比如，在人体骨骼的层次链接中，手掌的位移会带动小臂和上臂的位移，小臂的旋转也会使手掌产生位移，但是无论如何位移，因为 IK 链接的存在，它们之间不会出现反关节的现象。

IK 动画需要充分考虑链接对象和放置轴的方式。

IK 系统指定的方法有以下三种。

（1）交互式 IK：单击"层级"→ IK →"交互式 IK"按钮开启动画模式，在不同的关键帧处记录子对象的运动动画,通过 IK 链接约束,系统会自动计算出其他对象的动画效果。这种方法设置的关键帧较少,但动画效果不精确。

(2)应用 IK:根据动画的需要为层级链中的某个或某几个对象制订一个引导对象,然后将层级链的对象绑定到引导对象上,再单击"层级"→IK→"应用 IK"按钮,系统自动为动画的每一帧计算 IK 解决方案,并为 IK 链中的每个对象创建关键点。这种方法比互动式 IK 要精确些。

(3)IK 解算器:通过动画控制器设置层级链的运动形式,只需要较少的关键帧便可以达到应用 IK 方法的精确度。此方法是制作角色动画的首选,下面重点介绍 IK 解算器的使用方法。

3.2.2 IK解算器及参数

IK 解算器是创建反向运动学系统的首选,它使用 IK 控制器管理链接中子对象的变换,并将 IK 解算器应用于对象的任何层次。在使用时,在层次中选中对象并选择 IK 解算器,然后单击该层次中的其他对象,作为 IK 链的末端。

1. 3ds Max 中的 4 种 IK 解算器

(1)HI 解算器(历史独立解算器):可以在层次对象中设置多个链。对角色动画和较长时间的 IK 动画而言,HI 解算器是首选方法。例如,角色的腿部可能存在一个从臀部到脚踝的链,还可能存在另一个从脚跟到脚趾的链。

(2)HD 解算器(历史相关解算器):使用该解算器可以设置轴点的限制和优先级。该解算器适用于那些包括滑动效果的动画,最好在较短时间的动画中使用。

(3)IK 肢体解算器:只能对链中的两块骨骼进行操作,是一种可以快速使用的分析型解算器,可用于设置一些角色手臂和腿部的关节部位动画。

(4)样条线 IK 解算器:通过样条线确定一组骨骼或链接对象的关系,链接后结构可以进行复杂的变形。它提供的动画系统比其他 IK 解算器提供的动画系统的灵活性要高。

2. IK 解算器参数

创建好的 IK 解算器,可以在"运动"面板中设置其参数,其参数卷展栏如图 3-5 所示。

(a)

(b)   (c)

图 3-5

3.3 骨骼系统

骨骼系统是由骨骼对象形成的、具有关节效果的层次链接，用于设置具有链接要求的复杂模型对象的动画，如图 3-6 所示。在设置具有蒙皮效果的角色模型动画时，骨骼系统尤其有用，读者可以采用 FK 或 IK 为骨骼设置动画。对于 IK，骨骼可以使用任何的 IK 解算器、交互式 IK 或应用 IK 等。骨骼系统具备多个用于表现骨骼形状的参数，可以更容易地观察骨骼的变化。骨骼的几何体形状与其链接是不同的，每条骨骼的链接在骨骼根部都有一个轴点，骨骼只能围绕该轴点旋转。由于实际起作用的是骨骼的轴点，而不是骨骼的几何体形状，因此，可将骨骼轴点视为关节，如图 3-7 所示。

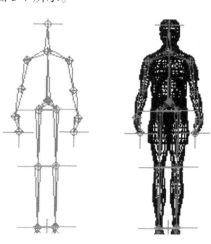

图 3-6   图 3-7

3.3.1 骨骼系统参数

单击"创建"→"系统"→"标准"→"骨骼"按钮，在视口中单击创建骨骼的起点，移动鼠标光标再次单击，创建骨骼的结束点，此时完成了一根完整骨骼的创建；如果继续单击，则完成了第二根骨骼的创建，以此类推，可以创建几根具有链接关系的骨骼。在骨骼创建完成后，右击，会生产一小节骨骼末端，代表骨骼链创建的完成。在创建面板单击骨骼时，会出现"IK 链指定"卷展栏。"IK 链指定"卷展栏如图 3-8 所示，"骨骼参数"卷展栏如图 3-9 所示。

图 3-8

3.3.2 骨骼链的制作

学习目标：使用骨骼工具来完成骨骼链的制作。

知识要点：通过创建骨骼，并按照需要的骨骼结构调整骨骼位置，形成一条骨骼链。

骨骼链的
制作.mp4

实现步骤如下。

（1）单击"创建"→"设置"→"设置"按钮，在视口中单击，创建第 1 根骨骼的起始关节，移动鼠标光标到合适位置，再次单击，第 1 根骨骼制作完成，效果如图 3-10 所示。

图　3-9

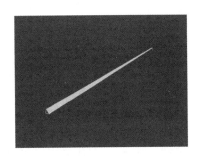

图　3-10

（2）在不右击的情况下，移动鼠标光标到合适的位置，再次单击，创建完成第 2 根骨骼，效果如图 3-11 所示。同样，移动鼠标光标到合适位置再次单击，创建完成第 3 根骨骼，右击，取消骨骼创建，由此便形成了一条骨骼链，效果如图 3-12 所示。

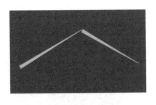

图　3-11

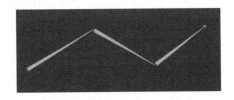

图　3-12

（3）选择第 1 根骨骼，在修改面板中修改参数，将骨骼参数下的宽度和高度更改为 15，效果如图 3-13 所示。

（4）选择第 2 根骨骼，将骨骼参数下的宽度和高度更改为 12。再选择第 3 根骨骼，将骨骼参数下的宽度和高度更改为 10，效果如图 3-14 所示。

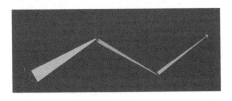

图　3-13

图　3-14

3.4　蒙皮修改器

蒙皮修改器可以将多边形、面片或 NURBS 等对象绑定到骨骼链接，如图 3-15 所示。在 3ds Max 中制作动画角色，首先要使用多边形等建模工具来制作角色模型，其次使用骨骼系统来创建角色的骨骼链接，最后为模型添加蒙皮修改器，将模型与骨骼系统链接在一起，通过骨骼系统的运动带动模型的变化，进而形成角色动画。下面对蒙皮修改器常用的"参数"卷展栏进行解释。

"参数"卷展栏如图 3-16 所示。参数具体含义及功能如下。

（1）"编辑封套"：单击该按钮，将启用此子对象层级，以及封套和顶点权重。

（2）"顶点"：启用该选项以选择顶点。

（3）"收缩"：减去已选的顶点中边缘的顶点。

（4）"扩大"：添加已选顶点中的相邻顶点。

（5）"环"：加选已选顶点的平行边中的所有顶点。

（6）"循环"：加选已选顶点的垂直边中的所有顶点。

（7）"选择元素"：在启用后，选择一个元素，就会选择该元素的所有顶点。

（8）"背面消隐顶点"：在启用后，不能选择背离当前视图的顶点。

（9）"封套"：在启用后，可以选择封套。

（10）"横截面"：在启用后，可以选择横截面。

图　3-15

图　3-16

3.5　Character Studio（角色系统）组件

Character Studio（角色系统）组件提供了一套设置三维角色动画的专业工具，使用该组件能够快速而轻松地构建骨骼，然后通过修改参数设置制作动画，如图 3-17 所示。此外，还可以将这些角色进行群组，并使用代理系统和程序设置群组动画。Character Studio 组件包括以下三个组件。

（1）Biped：可以使用 Biped（两足角色）骨骼系统，并制作相关的骨骼动画。

（2）Physique：可将骨骼与角色模型快速关联，从而通过骨骼来控制模型，并制作动画。

（3）群组：提供创建动画组群及制作动画的工具，主要是两足角色。

下面重点介绍 Biped 和 Physique 这两个组件的用法。

图　3-17

3.5.1　Biped骨骼系统

在设置具有蒙皮效果的角色动画方面，骨骼尤为有用，可以采用 FK 或 IK 为骨骼设置动画。软件里提供一套骨骼系统用于角色动画的制作，即 Biped 骨骼系统。它是一组有关节链接的骨骼对象，可用于实现两足角色的相关动画。

Biped 骨骼系统提供精确的角色姿态骨架，可以使用足迹动画或进行自由的动画操作，如图 3-18 所示。同时，Biped 骨骼系统可以用来编辑运动捕捉文件，将不同的动作文件或动作脚本赋予骨骼系统中使用。但 Biped 骨骼系统不能创建角色模型，在使用 Biped 创建骨骼前需要将角色模型创建完成。

默认创建的 Biped 骨骼系统模拟人体架构，并设置好层级链接关系，以重心对象（又称质心）作为其父对象或根对象。该重心对象位于骨骼系统的骨盆中心，显示为一个蓝色的八面体，如图 3-19 所示，可以通过移动该重心来定位整个骨骼系统。

选择创建好的骨骼子对象，其参数可在"运动"命令面板中进行调节。单击"参数"按钮，进入形态编辑模式，在该模式下可以对骨骼进行调整。"Biped"卷展栏如图 3-20（a）所示，"轨迹选择"卷展栏如图 3-20（b）所示，"弯曲链接"卷展栏如图 3-20（c）所示，"结构"卷展栏如图 3-20（d）所示。

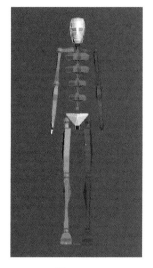

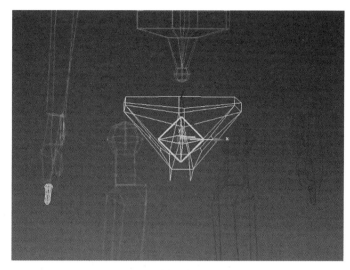

图 3-18 图 3-19

(a)

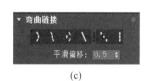

(b)

(c)

(d)

图 3-20

3.5.2 Physique修改器

当 Physique（形体变形）工具应用于模型时，可以使骨骼的运动像真实的人类一样。Physique 可用于多边形、面片和 NURBS 等对象，它可以附加到任何骨骼结构，包括 Biped、骨骼链、样线条等。模型和骨骼在应用 Physique 修改器后，就可以进入"封套"子对象层级，通过封套上的调节点调整封套的大小和位置，从而扩大或缩小骨骼对模型的影响范围。将 Biped 骨骼系统与 Physique 修改器搭配使用，可以制作出非常逼真的角色动画。在设置动画时，可以先为 Biped 骨骼系统设置动画，然后将动画输出为 .bip 格式的文件保存，再将其应用到已经设置 Physique 修改器的角色模型上。

3.5.3 案例：角色Physique修改器的运用

角色
Physique
修改器的
运用.mp4

学习目标： 使用 Physique 修改器来完成人体模型蒙皮的制作。

知识要点： 通过 Physique 修改器及其调整参数的配合使用来完成蒙皮效果的制作。

实现步骤如下。

（1）打开初始效果文件，确定视图中"模型"对象为选择状态，如图 3-21 所示。在修改器下拉列表中选择 Physique 修改器赋予人体模型上，如图 3-22 所示。

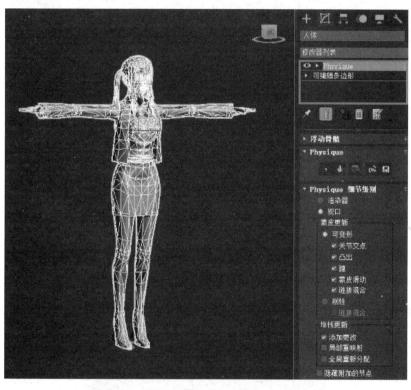

图 3-21

（2）单击 Physique 面板下的"附加到节点"按钮，在视图中单击 H 键，在弹出的"拾取对象"对话框中选择"人体骨骼"对象，然后单击"拾取"按钮，在弹出的"Physique 初始化"对话框中单击"初始化"按钮，如图 3-23 所示，完成蒙皮指定。

（3）在骨骼蒙皮完成后，对骨骼进行移动，查看拉伸是否正确。利用"旋转"工具，旋转手臂骨骼，可以发现在手臂、手掌的节点封套位置基本正确，如图 3-24 所示。但是在移动大腿时，发现人体模型出现了拉伸，如图 3-25 所示，还有一些顶点未受到骨骼的影响，这是因为现在还没有对蒙皮封套进行调整，有些地方的蒙皮可能会产生错误。

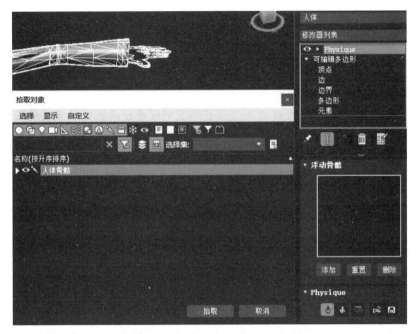

图 3-22

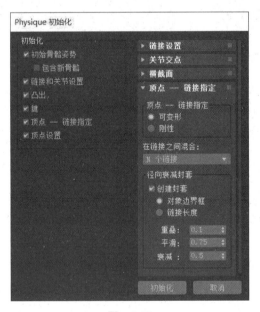

图 3-23

（4）进入模型对象的 Physique 套封子对象层级，选择脚部骨骼，如图 3-26 所示。选中脚部的紫色控制点，沿着 X 轴向左移动，使其紫色控制封套离开右脚的模型。

（5）以相同的方式检查所有骨骼封套的设置及影响范围，并对有拉伸的位置进行调整，如图 3-27 所示。

（6）在所有调整结束后，可以移动骨骼，设置角色模型动画，并对模型动作进行渲染输出，效果如图 3-28 所示。

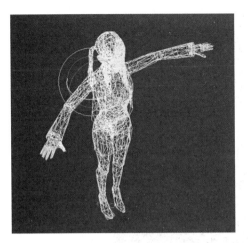

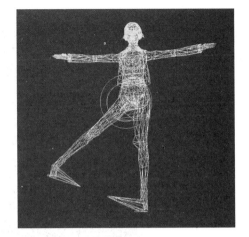

图　3-24

图　3-25

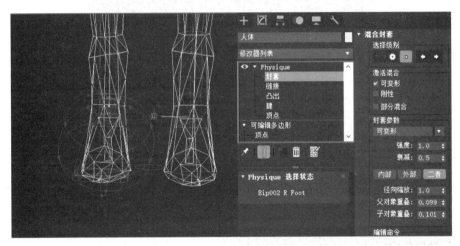

图　3-26

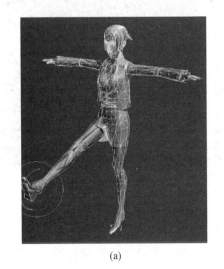

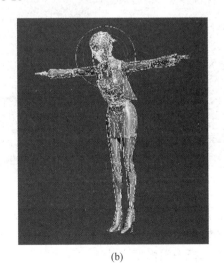

(a)

(b)

图　3-27

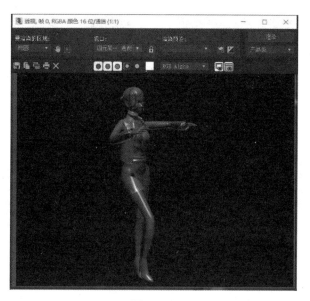

图 3-28

3.6 实训：挖掘机动画

本节我们制作挖掘机动画，如图3-29所示，实现步骤如下。

（1）选择模型，使用"父子对象"工具从上往下依次建立父子关系，效果如图3-30所示。

图 3-29

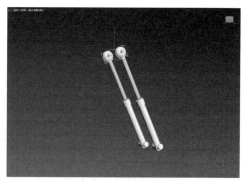

图 3-30

（2）选择子对象，选择菜单栏中的"动画"→"IK解算器"→"HD解算器"，接着单击末端模型，效果如图3-31所示。

（3）选择中间模型，单击"层次"→IK按钮，将"转动关节"面板的X、Y、Z轴活动选项取消勾选。勾选"滑动关节"面板的Z轴活动选项，效果如图3-32所示。

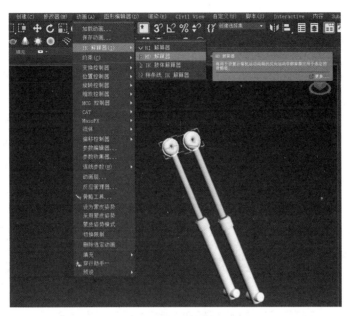

图 3-31

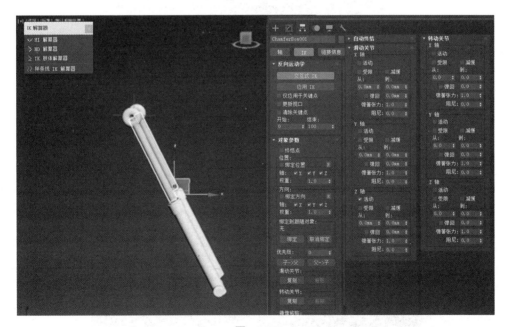

图 3-32

（4）选择"末端效应器"，打开"运动"→"参数"面板，在"末端效应器"面板下单击"链接"按钮，接着单击大臂。创建"末端效应器"父对象，效果如图 3-33 所示。

（5）选择大臂顶部的液压系统模型，独立显示，选择第一个模型，使用"父子对象"工具从上往下依次建立父子关系，效果如图 3-34 所示。

（6）选择子对象，选择菜单栏中的"动画"→"IK 解算器"→"HD 解算器"，接着单击末端模型，效果如图 3-35 所示。

图　3-33

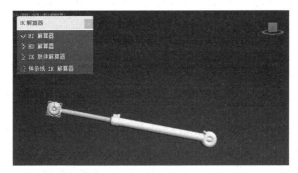

图　3-34

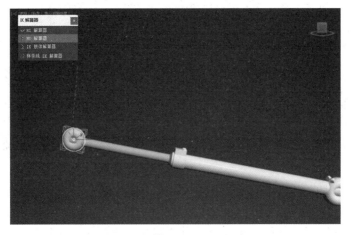

图　3-35

（7）选择中间模型，单击"层次"→HD 按钮，将"转动关节"面板的 X、Y、Z 轴活动选项取消勾选。勾选"滑动关节"面板的 Z 轴活动选项，效果如图 3-36 所示。

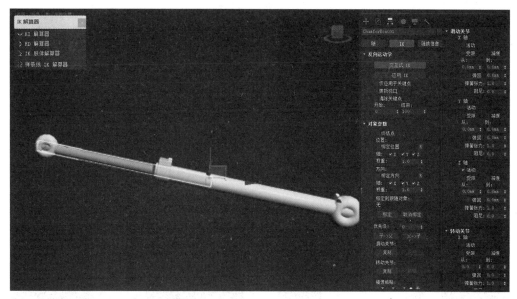

图　3-36

（8）选择"末端效应器"，打开"运动"→"参数"面板，在"末端效应器"面板下单击"链接"按钮，接着单击小臂，创建"末端效应器"父对象。选择缸体模型，使用父子对象将其链接到大臂上，效果如图 3-37 所示。

（9）选择模型前端，独立显示。选择第一个模型，使用"父子对象"工具依次建立父子关系，效果如图 3-38 所示。

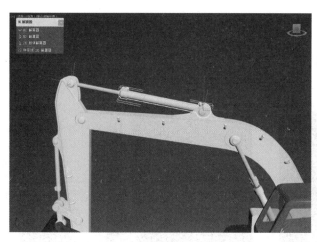

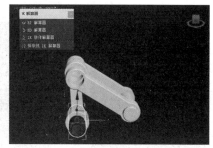

图　3-37

图　3-38

（10）选择子对象，选择菜单栏中的"动画"→"IK 解算器"→"HI 解算器"，接着单击末端模型，效果如图 3-39 所示。

（11）使用"父子对象"工具，将效果器链接到铲斗上，效果如图 3-40 所示。

（12）使用"父子对象"工具，将末端模型链接到小臂上，效果如图 3-41 所示。

（13）使用"父子对象"工具，将铲斗链接到小臂上，效果如图 3-42 所示。

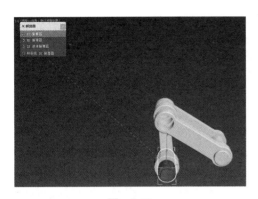

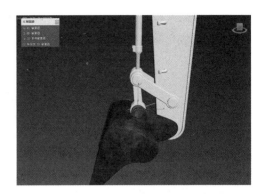

图 3-39

图 3-40

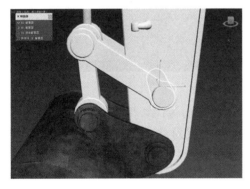

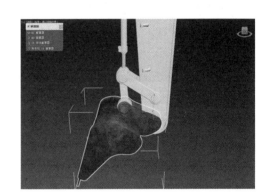

图 3-41

图 3-42

（14）选择小臂上的液压系统，使用"父子对象"工具依次链接到缸体上，效果如图 3-43 所示。

（15）选择子对象，选择菜单栏中的"动画"→"IK 解算器"→"HD 解算器"，接着单击末端模型，效果如图 3-44 所示。

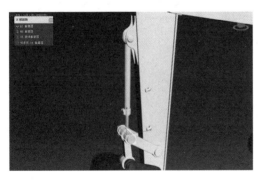

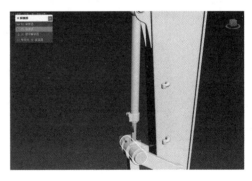

图 3-43

图 3-44

（16）选择中间模型，单击"层次"→HD 按钮，将"转动关节"面板的 X、Y、Z 轴活动选项取消勾选。勾选"滑动关节"面板的 Z 轴活动选项，效果如图 3-45 所示。

（17）选择"末端效应器"，打开"运动"→"参数"面板，在"末端效应器"面板下单击"链接"按钮，接着单击效应器前面的模型。创建"末端效应器"父对象，效果如图 3-46 所示。

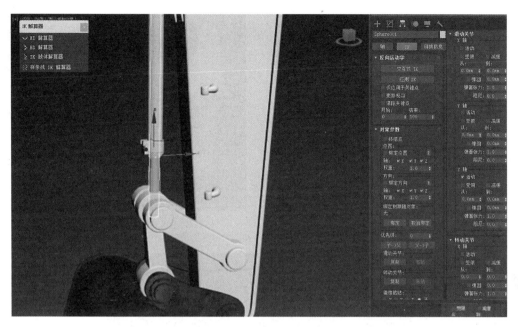

图 3-45

（18）选择缸体模型，使用"父子对象"工具将其链接到小臂上，效果如图 3-47 所示。

（19）独立显示大臂、小臂等模型，使用"父子对象"工具依次链接模型，效果如图 3-48 所示。

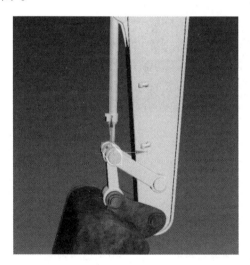

图 3-46

图 3-47

（20）选择子对象，选择菜单栏中的"动画"→"IK 解算器"→"HI 解算器"，接着单击末端模型，效果如图 3-49 所示。

（21）在取消独立显示后，打开"自动关键点"，移动滑块，选择小臂上的效应器或铲斗模型，为其创建动画。关闭"自动关键点"。至此，挖掘机动画就制作完成了，效果如图 3-50 所示。

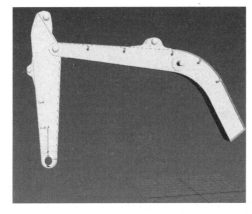

图 3-48

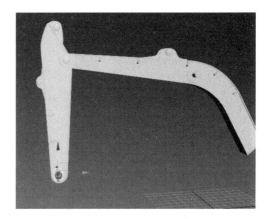

图 3-49

图 3-50

 实训评价

"挖掘机动画"实训评价表如表 3-1 所示。

表 3-1 "挖掘机动画"实训评价表

序号	工作步骤	评 分 项	评 分 标 准	得 分		
				自评	互评	师评
1	课前学习评价（30分）	完成课前任务作答（10分）	规范性 30% 准确性 70%			
		完成课前任务信息收集（5分）				
		完成任务背景调研 PPT（5分）				
		完成线上教学资源的自主学习及课前测试（10分）				

续表

序号	工作步骤	评 分 项	评 分 标 准	得 分		
				自评	互评	师评
2	课堂评价与技能评价（40分）	积极主动，答题清晰（10分）	表现积极主动，踊跃回答问题，5分 协助教师维护良好课堂秩序的，5分			
		熟练掌握课堂所讲知识点内容（10分）	根据知识点掌握程度酌情扣分，熟练10分，一般8分，需要协助6分			
		熟练操作完成课堂练习（14分）	根据软件操作熟练程度酌情扣分，熟练14分，一般11分，需要协助8分			
		实现案例模型的创建（6分）	独立实现案例模型创建，实现所有要点满分，少一个点扣2分			
3	态度评价（30分）	良好的纪律性（10分）	课堂考勤3分 服从管理4分 敬业认真3分			
		主动探究，能够提出问题和解决问题（10分）	态度积极5分 独立思考3分 乐于创新2分			
		团队协作能力（10分）	参与讨论2分 承担责任2分 乐于分享3分 领导能力3分			
		合 计		10	20	70

思考与练习

1. 什么是层次链接？其工作原理是什么？
2. 什么是蒙皮？其工作原理是什么？
3. 蒙皮修改器可以将多边形、面片或 NURBS 等对象绑定到_____。
4. Character Studio 包括_____、_____和_____三个组件。
5. 3ds Max 层级链包括两种运动学系统：一种是_____，另一种是反向运动学系统。

第4章

MassFX物理模拟系统

本章内容

3ds Max 的 MassFX 提供用于为项目添加真实物理模拟效果的工具集。该工具集加强了特定于 3ds Max 的工作流，使用修改器和辅助对象对场景模拟的各个方面提供便利。在 3ds Max 中，主要用于设置真实物理模拟动画。本章主要介绍 MassFX 的基础知识和使用方法，并通过实例重点介绍刚体集合和布料对象的使用方法等。

学习目标

- 了解动力学的基础知识；
- 了解常用动力学集合的使用方法和参数设置。

能力目标

- 掌握刚体集合的使用方法；
- 掌握布料对象的使用方法。

4.1 MassFX 基础知识

MassFX 工具集包括刚体、模拟布料、约束辅助对象及碎布玩偶等。在软件中创建的模型对象，都可以通过 MassFX 工具集指定物理属性，如质量、摩擦力和弹力等，模拟生成真实世界中物理效果。这些模型对象可以是固定的、自由的、连在弹簧上的，或者使用多种约束链接在一起的。MassFX 工具集使用实时模拟窗口进行快速预览、交互测试和播放场景等，大幅度地缩减动画制作时间。它具有烘焙动画功能，将所有模拟动画烘焙在关键帧上，不必再手动设置动画效果，逼真的建筑物碰撞动画如图 4-1 所示。

图　4-1

在 3ds Max 中 MassFX 工具栏（见图 4-2）默认是隐藏的，可以在菜单"动画"下拉列表中选择 MassFX 选项，即可进入 MassFX 的相关面板，如图 4-3 所示。最便捷方法是使用 MassFX 工具栏，该工具栏以浮动状态显示。如果工具栏不可见，则可以像打开 3ds Max 其他隐藏工具栏一样操作：在工具栏空白区域右击打开自定义菜单，从菜单中选择"MassFX 工具栏"，如图 4-4 所示。

图　4-2

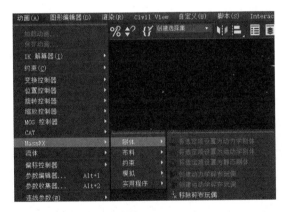

图　4-3

图　4-4

4.1.1　MassFX 工具栏

下面对 MassFX 工具栏的各个按钮功能进行介绍。

MassFX 工具栏的第一个按钮主要用于切换"MassFX 工具"对话框。此对话框包括四个面板，如图 4-5 所示。

（1）"世界参数"面板：提供用于创建物理效果的全局设置和控件。

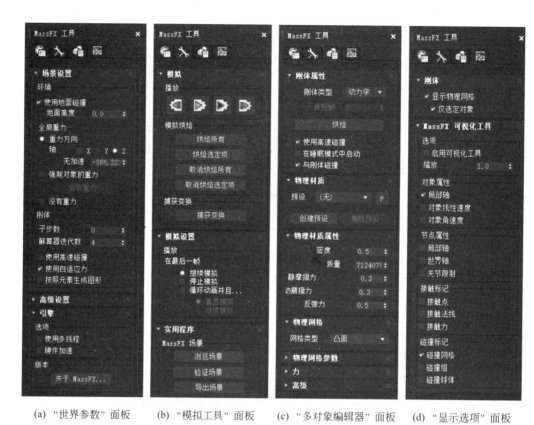

（a）"世界参数"面板　（b）"模拟工具"面板　（c）"多对象编辑器"面板　（d）"显示选项"面板

图 4-5

（2）"模拟工具"面板：包括用于控制模拟的"播放""重置"和"烘焙"等按钮。

（3）"多对象编辑器"面板：同时为所有选定对象设置属性。

（4）"显示选项"面板：用于切换物理网格视口显示的控件，以及用于调试模拟的可视化工具。

4.1.2　MassFX工具栏的对象类别

（1）刚体集合：刚体是物理模拟中的主要对象，其形状和大小不会更改。例如，如果场景中的茶壶变成了刚体，它可能会反弹、滚动或四处滑动，但无论施加了多大的力，它都不会弯曲或折断，如图4-6所示。此外，可以使用"约束工具"链接场景中的多个刚体。

（2）布料对象：MassFX工具集的一个重要部分是mCloth（布料对象），作为布料修改器的一个版本，它可以模拟布料碰撞场景中的其他对象，从而影响场景中物体的运动，也会受其他对象运动的影响，如图4-7所示。此外，布料对象会受力空间扭曲（如"风"）的影响，可能会在应力的作用下撕裂。

（3）约束辅助对象：MassFX约束限制刚体在模拟中的移动。现实世界中的一些约束示例包括转枢、钉子、索道和轴，如图4-8所示。

（4）碎布玩偶：碎布玩偶可以将动画角色作为动力学和运动学刚体参与MassFX模拟。它便于创建和管理刚体，具有多个重要的便利功能。使用"动力学"选项，动画角色

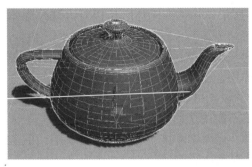

图　4-6

图　4-7

不仅可以影响模拟中的其他对象，也可以受其影响。使用"运动学"选项，动画角色可以影响模拟，但不受其他对象影响。例如，动画角色可以击倒运动路径中遇到的障碍物，但是落到它上面的大型盒子却不会更改它在模拟中的行为，如图 4-9 所示。

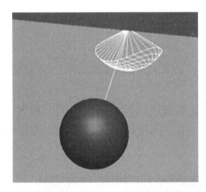

图　4-8

图　4-9

4.1.3　MassFX模拟控件

位于 MassFX 工具栏中最后位置的是用于控制模拟的按钮和弹出按钮。

（1）"重置模拟"：将时间滑块返回到第一个动画帧，并将动力学刚体移回其初始变换。

（2）"开始模拟"：该按钮可以在窗口中生成模拟动画，并推进时间滑块，播放动画。

（3）"开始没有动画的模拟"：仅运行模拟动画，不推进时间滑块。

（4）"逐帧模拟"：用于与标准动画一起运行单个帧的模拟。

4.2　MassFX 刚体修改器

4.2.1　钢铁面板参数

MassFX 模拟的刚体包括动力学刚体、运动学刚体、静态刚体。为便于操作，可以按工具栏中的刚体弹出按钮进行选择，如图 4-10 所示，在选择刚体之后仍可以修改刚体的类型。

（1）动力学刚体：动力学刚体与真实世界中的对象一样，受重力和其他力的作用，可以撞击其他对象，同时也被这些对象所影响。工具栏中的设置可以模拟模型对象的物理网格效果，其中，凹面物理网格不能用于动力学刚体。

图　4-10

（2）运动学刚体：运动学刚体不会受重力的影响，但是可以推动场景中的任意动力学对象，但不能被其他对象所影响。

（3）静态刚体：静态刚体与运动学刚体类似，但是不能设置动画。静态刚体有助于优化性能，也可以使用凹面网格。

应用该刚体修改器的最简单方法：首先，选择对象，然后，从"MassFX 工具栏"中弹出的按钮中选择适当的刚体类型即可。

4.2.2　案例：刚体集合的创建

刚体集合的创建 .mp4

学习目标：使用 MassFX 中的刚体工具完成茶壶下落的制作。

知识要点：通过"刚体""烘焙"等工具的配合使用，完成刚体动画效果的制作。

实现步骤如下。

（1）在透视中，创建一个长方体，将长方体的长度和宽度值均设置为 300、高度为 5，如图 4-11 所示。调整创建对象在视图中的位置，将长方体的坐标系都设置为 0，如图 4-12 所示。

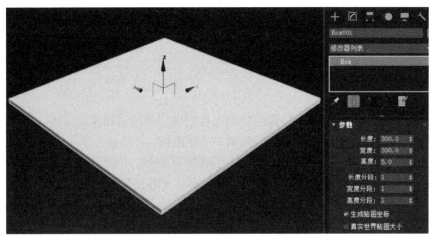

图　4-11

图　4-12

（2）在透视中，创建一个茶壶，将半径设置为 40，如图 4-13 所示。调整创建对象在视图中的位置，将长方体的坐标 X、Y、Z 设置为"0，0，5"，如图 4-14 所示。

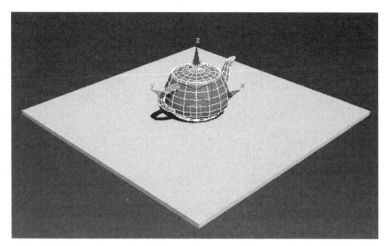

图　4-13

图　4-14

（3）在前视图中选择茶壶，在 MassFX 工具栏中单击"刚体集合"按钮并按住鼠标左键不放，在弹出的卷展栏中选择"动力学刚体"，如图 4-15 所示。选择长方体，同样在 MassFX 工具栏中单击"创建刚体"按钮并按住鼠标左键不放，在弹出的卷展栏中选择"静态刚体"，如图 4-16 所示。

图　4-15

（4）单击选择茶壶刚体，将其沿 Z 轴向上提高 120 个单位，如图 4-17 所示，使茶壶位于长方体的正上方，效果如图 4-18 所示。

（5）单击 MassFX 工具栏中的"开始模拟"按钮，开始播放动画，刚体茶壶开始下落，并落在长方体上，效果如图 4-19 所示。在没有错误的情况下，单击 MassFX 工具栏中的"模拟工具"按钮，此时会弹出面板，单击"模拟烘焙"组中的"烘焙所有"按钮，如图 4-20 所示，在视图下方的时间轴上就会生成动画关键帧。

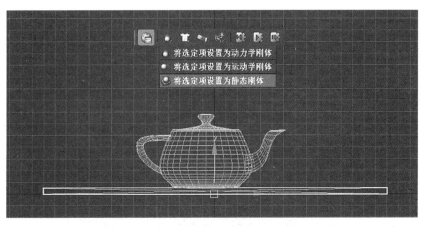

图   4-16

图   4-17

图   4-18

图   4-19   图   4-20

（6）单击视图右下角动画控制区的"播放"按钮，即可播放动画，在没有错误的情况下，就可以将动画效果输出成视频或图片等，效果如图 4-21 所示。

(a) 第20帧　　　　　　　　(b) 第50帧　　　　　　　　(c) 第80帧

图　4-21

（7）制作茶壶滚落的效果，将所有的动画效果都删除，单击"模拟"面板中的"取消烘焙所有"按钮，取消所有的关键帧动画。将长方体的 X、Y、Z 坐标设置为"0，0，500"，茶壶的 X、Y、Z 坐标设置为"0，0，800"，效果如图 4-22 所示。此时，长方体和茶壶都位于世界坐标轴的上方，效果如图 4-23 所示。

(a) 长方体的坐标　　　　　　　　　　　　　(b) 茶壶的坐标

图　4-22

（8）在透视图中，选择长方体，沿着 X 轴进行旋转，旋转角度为 30°，效果如图 4-24 所示。

图　4-23

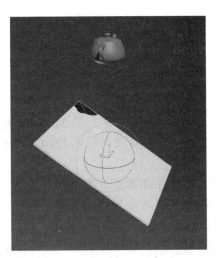

图　4-24

（9）设置完成后，单击 MassFX 工具栏中的"开始模拟"按钮，模拟动画效果：刚体茶壶下落，并落在长方体上，最后滚出画面中，效果如图 4-25 所示。如果画面没有错误，则单击"模拟"面板中"模拟烘焙"组的"烘焙所有"按钮，生成动画关键帧，并通过渲染器进行输出设置。

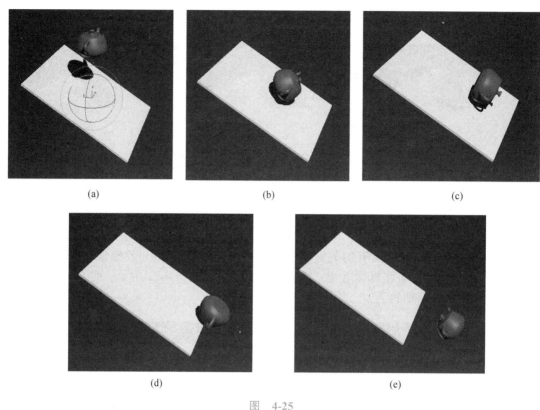

图 4-25

4.3 布料对象

4.3.1 布料对象参数

mCloth（布料对象）是 3ds Max 提供的布料修改器，主要用于布料效果模拟。通过 mCloth，布料对象可以参与物理模拟，既影响模拟中其他对象，也受到这些对象的影响。

（1）"mCloth 模拟"卷展栏（见图 4-26）布料行为：确定 mCloth 对象如何参与模拟。动力学 mCloth 对象的运动影响模拟中其他对象，也受这些对象的影响。运动学 mCloth 对象的运动影响模拟中其他对象，但不受这些对象的影响。其中，"直到帧"在启用时，MassFX 会在指定帧处将选定的运动学布料转换为动力学布料。

（2）"力"卷展栏。"力"卷展栏（见图 4-27）可将力空间扭曲应用于 mCloth 对象，相关选项及按钮功能如下。

① "使用世界重力"：在启用时，mCloth 对象将使用 MassFX 全局重力设置。

② "应用的场景力"：列出场景中影响模拟对象的力空间扭曲。

③ "添加"：将场景中的力空间扭曲应用于模拟中的对象。

图　4-26　　　　　　　　　　　　图　4-27

④ "移除"：可防止应用的力空间扭曲影响对象。

4.3.2　案例：模拟布料的创建

模拟布料的创建.mp4

学习目标：使用 MassFX 中的布料对象完成茶壶下落的制作。

知识要点：通过对 mCloth、刚体集合及参数面板等的调整，完成布料动画效果的制作。

（1）在视图中创建一个茶壶对象，再创建一个平面对象，"参数"设置如图 4-28 所示。平面对象位于茶壶的正上方，效果如图 4-29 所示。

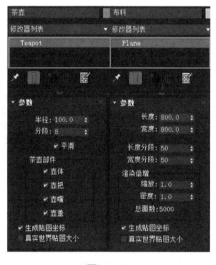

图　4-28　　　　　　　　　　　　图　4-29

（2）选择茶壶对象，在"动力学"面板将其设置为"静态刚体"；选择平面对象，在动力学面板将其设置为"布料对象"。单击 MassFX 中工具栏中的"开始模拟"按钮，得到动态测试效果，如图 4-30 所示。发现布料中出现了错误，这是由于布料碰到了地面，打开"世界参数"→"场景设置"→"环境"，将"使用地面碰撞"复选框取消，如图 4-31 所示。

（3）单击"重置模拟"按钮，重新计算布料和刚体的测试动画，如图 4-32 所示。如果没有错误，

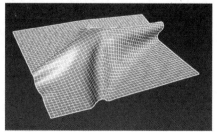

图　4-30

则可以单击"烘焙所有"按钮，进行关键帧的烘焙渲染。后期可以根据布料和刚体的属性进行相应的参数设置，得到不同的效果。

图 4-31

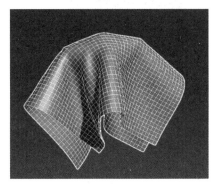

图 4-32

4.4 约束辅助对象

4.4.1 约束辅助对象简介

MassFX 的约束辅助对象（或关节）可以限制刚体在模拟中的移动，其约束类型如图 4-33 所示。现实世界中的一些约束示例包括转枢、钉子、索道和轴等。约束辅助对象可以将两个刚体链接在一起，也可以将单个刚体固定到全局空间。约束组成了一个层次关系：子对象必须是动力学刚体，而父对象可以是动力学刚体、运动学刚体或为空（即固定到全局空间）。

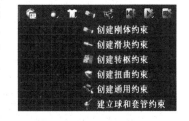

图 4-33

4.4.2 父对象和子对象的关联

大多数约束辅助对象会链接两个刚体，将子对象刚体链接到父对象刚体上，并沿着父对象移动和旋转。例如，转枢约束已链接汽车及车门，汽车作为父对象，车门为子对象，车门旋转时打开和关闭车门的距离限制不会更改，但是其方向与汽车的方向相关。

4.5 MassFX 破碎

在 3ds Max 中使用 MassFX 工具可以创建链式破碎。碎布玩偶辅助对象是 MassFX 的一个重要组件，可以使动画角色作为动力学和运动学刚体参与到模拟中。动画角色可以是骨骼系统或 Biped 骨骼，以及使用蒙皮的关联网格模型等（见图 4-34）。碎布玩偶包括一组由约束链接的刚体。这些刚体是使用"创建碎布玩偶"命令时 MassFX 自动创建的。它将角色的每个骨骼赋予一个"刚体"修改器，而每对链接的骨骼将获得一个约束。因此，可以使用碎布玩偶辅助对象来设定角色的全局模拟参数。若要调整刚体和约束，则需要逐个选择它们，然后使用相应控件。

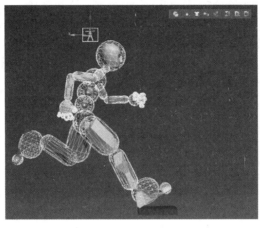

图　4-34

4.6　实训：刚体碰撞动画的制作

刚体碰撞
动画的制
作 .mp4

　　本节我们制作刚体碰撞动画，实现步骤如下。

　　（1）创建一个长方体，一个球体和一个碗模型，效果如图 4-35 所示。

　　（2）对场景中的物体进行刚体设置，单击球体模型，在 MassFX 中将其设置为"动力刚体"，在"修改"面板中打开"物理图形"卷展栏，将图形类型选择为球体。修改完成后，进入修改堆栈栏的网格变换子层级，然后使用鼠标拖动图形类型查看，效果如图 4-36 所示。

　　（3）选择碗模型，在 MassFX 中将其设置为动力学刚体，并在"修改"面板中打开"物理材质"卷展栏，将反弹力设置为 0。然后在修改面

图　4-35

板中打开"物理图形"卷展栏，将"图形类型"选择为"凹面"，效果如图 4-37 所示。

　　（4）继续对碗模型的物理网格进行修改，打开"物理网格参数"卷展栏，将"网格细节"组设置为 0，"高级参数"组中的"最小外壳"大小设置为 0.25，"每个外壳最大顶点数"为 20，然后单击"生成"按钮，此时计算机开始计算参数，在计算完成后生成新的物理网格，效果如图 4-38 所示。

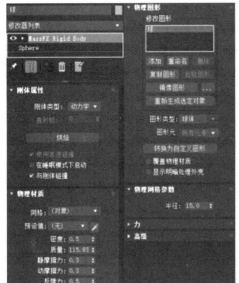

图　4-36

图　4-37

图　4-38

（5）选择桌面模型，将其设定为静态刚体。现在开始对场景进行模拟演算，单击

MassFX 工具栏中的"开始模拟"按钮，模拟场景动画。在模拟过程中，我们发现视图中的动画出现了明显错误，球穿过了碗，效果如图 4-39 所示。

图 4-39

（6）修改动画中的错误，单击 MassFX 工具栏中的"重置模拟"按钮复位，返回模拟之前的状态，选择球模型，在"修改"面板中打开"高级"卷展栏，勾选"接触壳"组的覆盖全局，并将"接触距离"和"支撑深度"分别设置为 6、7。同样，选择碗模型，勾选"覆盖全局"，"接触距离"和"支撑深度"设置为 1、0。选择桌面模型，勾选"覆盖全局"，"接触距离"和"支撑深度"分别为 0、0，其效果如图 4-40 所示。

图 4-40

（7）在调整完成后，再次单击 MassFX 工具栏中的"开始模拟"按钮，开始模拟动画效果。在确定没有错误的情况下，即可打开 MassFX 工具栏"模拟"面板中的"模拟烘焙"组的"烘焙所有"，生成动画关键帧并通过渲染器进行输出设置，效果如图 4-41 所示。

图 4-41

实训评价

"刚体碰撞动画"实训评价表如表 4-1 所示。

表 4-1 "刚体碰撞动画"实训评价表

序号	工作步骤	评 分 项	评 分 标 准	得 分		
				自评	互评	师评
1	课前学习评价（30分）	完成课前任务作答（10分）	规范性30% 准确性70%			
		完成课前任务信息收集（5分）				
		完成任务背景调研PPT（5分）				
		完成线上教学资源的自主学习及课前测试（10分）				
2	课堂评价与技能评价（40分）	积极主动，答题清晰（10分）	表现积极主动，踊跃回答问题，5分 协助教师维护良好课堂秩序的，5分			
		熟练掌握课堂所讲知识点内容（10分）	根据知识点掌握程度酌情扣分，熟练10分，一般8分，需要协助6分			
		熟练操作完成课堂练习（14分）	根据软件操作熟练程度酌情扣分，熟练14分，一般11分，需要协助8分			
		实现案例模型的创建（6分）	独立实案例模型创建，实现所有要点满分，少一个点扣2分			
3	态度评价（30分）	良好的纪律性（10分）	课堂考勤3分 服从管理4分 敬业认真3分			
		主动探究，能够提出问题和解决问题（10分）	态度积极5分 独立思考3分 乐于创新2分			
		团队协作能力（10分）	参与讨论2分 承担责任2分 乐于分享3分 领导能力3分			
合 计				10	20	70

思考与练习

1. MassFX 模拟的刚体有几种？分别是什么？
2. 什么是布料对象？
3. 什么是约束辅助对象？

第5章

粒子系统及空间扭曲

本章内容

　　粒子系统是生成不可编辑子对象的一系列对象，主要用于三维动画特效的制作。3ds Max 提供了粒子流源、喷射、雪等几种内置的粒子系统，功能强大且操作相对简单。空间扭曲是可以为场景中的其他对象提供各种"力"效果的对象，例如，某些空间扭曲可以生成波浪、涟漪或者爆炸效果等，使几何体发生变形，还有一些空间扭曲可以用于粒子系统，模拟出各种自然效果。本章重点介绍粒子流源、粒子阵列等粒子系统的发射方式和使用方法，以及如何使用空间扭曲制作动画效果等。

学习目标

- 了解粒子系统的发射方式；
- 了解常用空间扭曲对象。

能力目标

- 掌握粒子系统的使用方法；
- 掌握常用空间扭曲的使用方法。

5.1　粒　子　系　统

　　粒子系统用于各种动画特效的制作，它使用大量的粒子模型通过复杂的程序计算生成动画，如暴风雪、水流或爆炸等，如图 5-1 所示。3ds Max 提供两种不同类型的粒子系统：事件驱动型和非事件驱动型。事件驱动型粒子系统，又称粒子流源，它可以设置事件中粒子的属性,在每个事件中指定粒子的不同属性和行为,并根据测试结果将其发送给不同的事件。在非事件驱动型粒子系统中,粒子通常在动画中显示一致的属性和行为。

在使用 3ds Max 粒子系统时,首先需确定系统要生成的动画效果。通常情况下,对于简单动画,如下雪或喷泉,使用非事件驱动型粒子系统制作相对快捷简便。对于较复杂的动画,包括随时间生成不同类型的粒子动画,如破碎、火焰和烟雾,使用粒子流源则可以获得最佳的动画效果。

图　5-1

5.1.1　基本粒子系统

粒子流源通过“粒子视图”的对话框来完成事件驱动型粒子模型制作。在“粒子视图”中,可将一定时期内需要表现的粒子属性(如形状、速度、方向和旋转)的操作符合并到事件组中。每个操作符都提供一系列参数,通过修改参数设置动画,来控制事件期间的粒子行为。随着时间的推移,粒子流源会不断地计算列表中的每个操作符,并生成相应的粒子系统动画。粒子流源的图标默认作为粒子的发射器使用。默认情况下,它显示为带有中心徽标的矩形,其图标如图 5-2 所示。

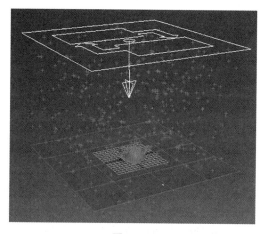

图　5-2

"粒子视图"是构建和修改粒子流源系统的对话框（见图 5-3）。它与粒子流源图标拥有相同的名称。在"粒子视图"中选择源图标时，粒子流源发射器卷展栏将出现在"修改"面板上，可使用这些控件设置全局属性，如"图标属性""粒子数量"等。

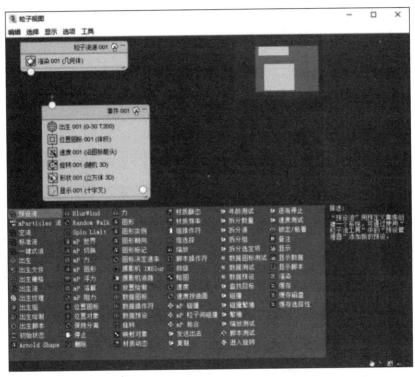

图 5-3

1. "设置"卷展栏
用于打开和关闭粒子系统，以及打开"粒子视图"，界面如图 5-4 所示。
2. "发射"卷展栏
设置发射器图标的物理特性，以及渲染时视口中生成的粒子的百分比，如图 5-5 所示。

图 5-4

图 5-5

63

3. "选择"卷展栏

使用"选择"卷展栏中的这些控件选择粒子,其界面如图 5-6 所示。

4. "系统管理"卷展栏

使用"系统管理"卷展栏中的这些设置可限制系统中的粒子数,指定更新系统的频率,如图 5-7 所示。

5. "脚本"卷展栏

"脚本"卷展栏将脚本应用于每个积分步长并查看每帧的最后一个积分步长,如图 5-8 所示。

图 5-6   图 5-7   图 5-8

6. "粒子视图"界面

"粒子视图"提供了用于创建和修改粒子系统的界面,如图 5-9 所示,主窗口是粒子系统的粒子图表。其中,粒子系统包含 1 个或多个相互关联的事件,每个事件包含 1 个或多个操作符和测试,操作符和测试统称为动作。事件 001 称为全局事件,因为它包含的任何操作符都能影响整个粒子系统。全局事件与"粒子流"图标的名称一样,默认为"粒子流源"。跟随其后的是出生事件,如果系统要生成粒子,它必须包含"出生"操作符。默认情况下,出生事件包含此操作符和定义系统属性的其他几个操作符,可以添加任意数量的后续事件,出生事件和附加事件统称为局部事件。它们之所以称为局部事件,是因为局部事件的动作通常只影响处于当前事件中的粒子。事件与事件的联系需要通过测试连接,测试用来确定粒子何时可满足条件离开当前事件并进入不同事件中。这定义了粒子系统的结构或流。在"粒子视图"对话框中,"事件显示"上面是"菜单栏",下面是"仓库",事件显示包含粒子系统中可以使用的所有动作,如操作符、测试等。

"粒子视图"包含以下几个组成部分。

(1)菜单栏:提供了用于编辑、选择、调整视图及分析粒子系统的功能。

(2)事件显示:是粒子系统的核心,它包括以下组成部分。

①事件列表:列出了粒子系统中的各个事件。每个事件代表了粒子系统中的一个动作或效果,如发射、碰撞、引力等。

②操作按钮:通常提供了创建、编辑、复制和删除事件的选项。

③属性编辑器:允许用户详细配置选定事件的属性,如粒子的外观、速度、生命周期等。

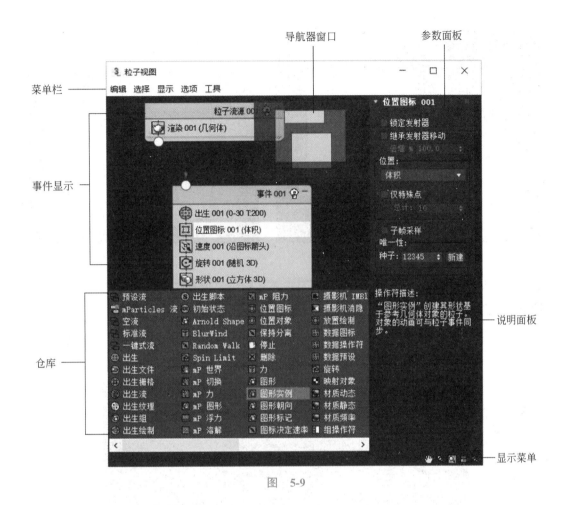

图　5-9

要将某动作添加到粒子系统中，可以将该动作从仓库拖到事件显示中。将该动作拖入现有事件时，其会显示红线或者蓝线。如果是红线，则新动作将替换原始动作。如果是蓝线，则该动作将插入列表中。此外，如果将其放置到事件显示的空白区域，则会创建一个新的事件。图 5-10 关联测试与事件单击动作的名称时，动作参数将显示在"粒子视图"的右侧。如果未显示参数，则表明参数面板处于隐藏状态。要显示参数面板，请选择"显示"→"参数"菜单。

若要将测试与事件关联，选择测试输出的绿色圆圈（向测试的左侧伸出）拖动至事件输入（从顶部伸出），如图 5-10 所示。同样，通过在全局事件底部的源输出和事件输入之间拖动，可以将全局事件与出生事件关联。

（3）导航器窗口。"事件显示"的右上角是导航器窗口，如图 5-11 所示，它是显示所有事件的贴图。导航器中的红色矩形代表"事件显示"当前的边界。在导航器中可以拖动矩形改变视图。尤其是当"粒子流"系统包含大量事件时，导航器会变得非常有用。

（4）参数面板：用于查看和编辑选定动作的参数。

（5）仓库：包含几种默认的粒子系统和所有的"粒子流"动作。单击仓库中的动作，对话框右侧会出现说明文字。仓库的内容可划分为操作符、测试和流三个类别。

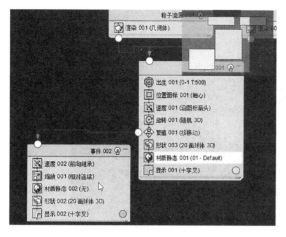

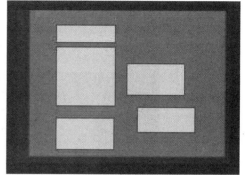

图 5-10   图 5-11

① 操作符。操作符是粒子系统的基本元素，用于描述粒子速度和方向、形状、外观及其他。将操作符应用到事件中可指定粒子的特性，如图 5-12 所示。操作符在"粒子视图"仓库中按字母顺序显示。操作符的图标都有蓝色背景，但"出生"操作符例外，它具有绿色背景。

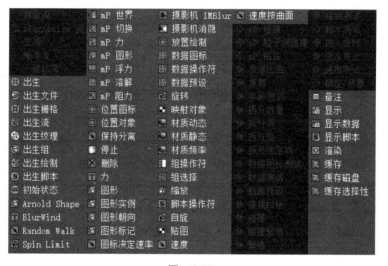

图 5-12

② 测试。测试在"粒子视图"仓库中按照字母顺序列出。测试的图标均为黄色菱形，通常是电气开关的简图，如图 5-13 所示。测试的功能是确定粒子是否满足某个或某些条件，如果满足，粒子通过测试，称为"测试为真值"，粒子就会发送到另一个事件。未通过测试的粒子，称为"测试为假值"，保留在该事件中，受该事件的操作符和测试的影响。可以在一个事件中使用多个测试：第一个测试检查事件中的所有粒子，从第二个测试开始每个测试只检查保留在该事件中的粒子。

③ 流。流类别提供用于创建不同种类的初始粒子系统。要使用流，只需将其从仓库

拖动到"粒子视图"主窗口中，图 5-14 中列出了可用的流。

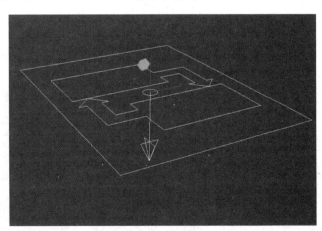

图 5-13 图 5-14

5.1.2 案例：烟花粒子特效的制作

学习目标：学习粒子流源粒子系统的操作方式和参数调节。

烟花粒子
特效的制
作 .mp4

知识要点：掌握粒子流源粒子系统的创建方式和粒子事件的设置方式，通过不同粒子事件的组合与相关力学效果的影响，来完成粒子特效的制作过程。

实现步骤如下。

（1）单击"创建"→"几何体"→"粒子系统"→"粒子流源"按钮，在场景中创建一个粒子流系统，效果如图 5-15 所示。在"修改"面板修改其参数，效果如图 5-16 所示。

图 5-15 图 5-16

（2）单击"创建"→"空间扭曲"→"力"→"重力"按钮，在场景中创建一个重力场系，调节其参数，如图 5-17 所示。单击"创建"→"空间扭曲"→"力"→"阻力"按钮，在场景中创建一个阻力，调节其参数，效果如图 5-18 所示。

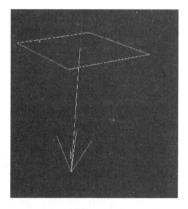

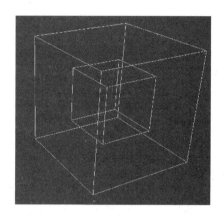

图 5-17　　　　　　　　　　　　　　　　图 5-18

创建好的场景如图 5-19 所示。

选择"粒子流源",在编辑修改列表中打开"粒子视图",如图 5-20 所示。

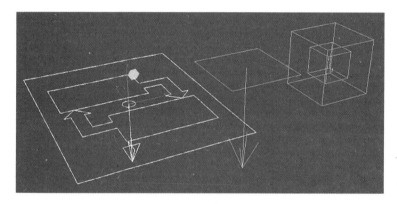

图 5-19　　　　　　　　　　　　　　　　图 5-20

（3）接下来调整"事件 001"相关参数,将粒子仓库中的"力""年龄测试"拖到事件中,并调整"出生 001""速度 001""力 001""年龄测试 001"相关参数,如图 5-21 所示。

图 5-21

（4）设置完成后的"事件 001"如图 5-22 所示。继续创建事件，将"年龄测试"拖到窗口中,生成"事件 002",将粒子仓库中的"速度""删除""缩放""力""繁殖"拖到"事件 002"中，如图 5-23 所示。

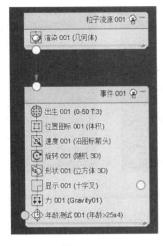

图　5-22

图　5-23

"繁殖 001"的参数设置如图 5-24 所示。"力 002""力 003""年龄测试 002""删除 001"的参数设置如图 5-25 所示。

图　5-24

图　5-25

（5）设置完成后的"事件 002"如图 5-26 所示。继续创建事件，将"繁殖"拖到窗口中，生成"事件 003"，将粒子仓库中的"删除""力"拖到"事件 003"中。"繁殖 002"的参数设置如图 5-27 所示。

图　5-26　　　　　　　　　　　　　　　　图　5-27

在"力 004""力 005"列表中，将创建好的重力和阻力分别拾取进来。"删除 002"设置参数如图 5-28 所示。设置完成后的"事件 003"如图 5-29 所示。

图　5-28　　　　　　　　　　　　　　　　图　5-29

（6）设置完成后，粒子事件总览如图 5-30 所示。将"事件 001"的"形状 001"修改为 80 面的球体 3D，"事件 001""事件 002"和"事件 003"的显示全部调整为类型：几何体，拖动时间滑块在视图中预览，便可以看到粒子烟火的展示效果，如图 5-31 所示。

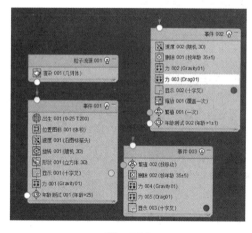
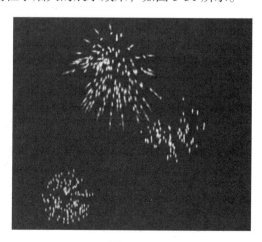

图　5-30　　　　　　　　　　　　　　　　图　5-31

5.1.3　非事件驱动型粒子系统

非事件驱动型粒子系统提供了相对简单的生成粒子对象的方法，可以模拟雪、雨、烟雾等效果。3ds Max 提供了 6 个非事件驱动型粒子系统："喷射""雪""超级喷射""暴风雪""粒子云"和"粒子阵列"。

1. 喷射

"喷射"粒子系统模拟雨、喷泉公园水龙带的喷水等水滴效果，其效果如图 5-32 所示。

2. 雪

"雪"粒子系统模拟降雪或纸屑。雪系统与喷射系统类似，但是雪系统可以生成翻转的雪花，渲染选项也有所不同，其效果如图 5-33 所示。

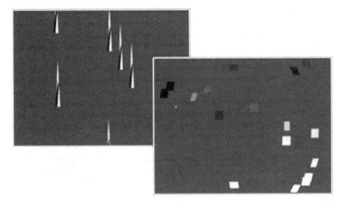

图　5-32

图　5-33

3. 超级喷射

"超级喷射"粒子系统可以发射受控制的粒子，效果与简单的喷射粒子系统类似，并增加了一些新型粒子系统的功能，其效果如图 5-34 所示。

图　5-34

4. 暴风雪

"暴风雪"粒子系统比"雪"粒子系统的更强大、更高级。它提供了"雪"粒子系统的所有功能及一些其他特性。

5. 粒子云

"粒子云"粒子系统可以创建一群鸟、一片星空或一队在地面行进的士兵。可以使用体积工具（长方体、球体或圆柱体）限制粒子，也可以使用场景中模型作为体积，只要该对象具有深度。

6. 粒子阵列

"粒子阵列"粒子系统可将粒子分布在几何体对象上。也可用于创建复杂的对象爆炸效果。使用"粒子阵列"创建爆炸效果的一种方法：将粒子类型设置为"对象碎片"，然后应用"粒子爆炸空间扭曲"。

如果使用"粒子阵列"发射粒子，并且使用选定的几何对象作为发射器模板（或图案）时，该对象称为分布对象，如图 5-35 所示。分布对象也可用于创建复杂的模型分布效果，如图 5-36 所示。

图 5-35

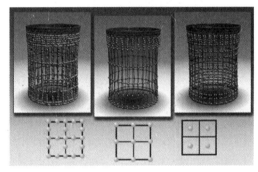

图 5-36

喷泉效果的制作.mp4

5.1.4 案例：喷泉效果的制作

学习目标：学习超级喷射粒子和喷射粒子系统的操作方式和参数调节。

知识要点：掌握超级喷射粒子系统的创建方式和粒子事件的设置方式，通过不同粒子参数的设置和力学效果的添加，来完成喷泉效果的制作过程。

实现步骤如下。

（1）打开喷泉效果制作的初始效果文件，如图 5-37 所示。单击"创建"→"几何体"→"粒子系统"→"超级喷射"按钮，在场景中创建一个超级喷射系统，在"修改"面板中修改其参数，轴偏离为 45、扩散为 180、平面偏移为 90、扩散为 180，如图 5-38 所示。

（2）单击"创建"→"空间扭曲"→"力"→"重力"按钮，在场景中创建一个重力场系，效果如图 5-39 所示，调节其参数，如图 5-40 所示。

（3）选择超级喷射粒子，在"主工具栏"面板中，单击"绑定到空间扭曲"按钮，如图 5-41 所示，选择里面的"重力"，将其拖到超级喷射粒子上，这样就为粒子系统添加了重力的影响，在拖动时间轴观察时，会发现粒子在发射过程中会受到重力的影响而下落。

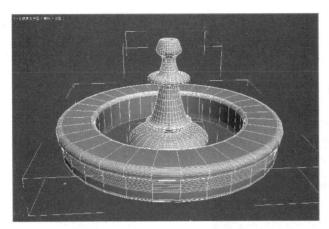

图 5-37

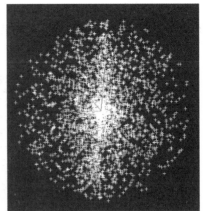

图 5-38

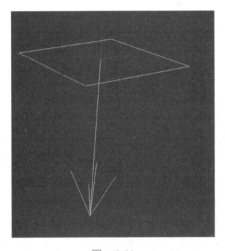

图 5-39　　　　　图 5-40　　　　　图 5-41

（4）单击"创建"→"几何体"→"粒子系统"→"喷射"按钮，在"顶"视图中创建一个喷射系统，然后沿着喷泉的中心旋转复制为 6 个，在"修改"面板中修改粒子视图的"渲染计数"为 600、"水滴大小"为 7.5、"速度"为 3.0、"变化"为 0.8，如图 5-42 所示。然后选择 6 个喷射粒子，在"主工具栏"面板中，单击"绑定到空间扭曲"按钮，将粒子系统也绑定到空间扭曲，效果如图 5-43 所示。

图 5-42

图 5-43

（5）当把所有粒子绑定到空间扭曲之后，显示场景中所有物体，拖动时间滑块观察粒子动画效果，如图 5-44 和图 5-45 所示。

（6）设置完成后，按下 F9 键，可以快速渲染观察其效果，如图 5-46 所示。

图　5-44　　　　　　　图　5-45　　　　　　　图　5-46

5.2　空　间　扭　曲

空间扭曲是可以影响其他对象外观的工具，一般将其绑定到目标对象上，使目标对象产生变形。空间扭曲物体在视图中显示为一个网格框架，通过移动、旋转和缩放创造出爆炸涟漪、波浪等效果。空间扭曲物体可以作用于一个对象，也可以作用于多个对象，同样地，一个对象也可以有多个空间扭曲物体与其绑定。它会按先后顺序显示在修改器堆栈窗口中，空间扭曲物体与目标对象的距离不同，其影响力也不同。

在 3ds Max 中，一些空间扭曲物体专门用于可变形对象上，如"基本几何体""面片"和"样条线"等；其他类型的空间扭曲物体用于粒子系统，如"喷射""雪"等。此外，"重力""粒子爆炸""风力""马达"和"推力"5 种类型的空间扭曲物体可以作用于粒子系统，还可以在动力学模拟中用于特殊的目的。本节主要介绍作用于粒子系统的空间扭曲物体。

5.2.1　力空间扭曲

在动画制作中，粒子系统与空间扭曲关系紧密，粒子系统往往需要空间扭曲的作用才可以产生各种动画效果。力空间扭曲位于"创建"→"空间扭曲"→"力"下拉列表内，主要是为粒子系统施加一种外力，从而改变粒子的运动方向或速度。常用的有以下九种，如图 5-47 所示。

1. 推力

"推力"空间扭曲将均匀的单向力施加于粒子系统，其效果如图 5-48 所示。"推力"空间扭曲没有宽度界限，其宽度与力的方向垂直。通过"范围"选项设置参数可以对其进行限制。

图 5-47

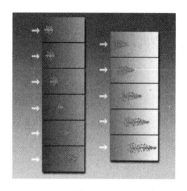

图 5-48

2. 马达

"马达"空间扭曲的作用类似于"推力"空间扭曲,但马达对粒子或对象施加的是转动扭曲力而不是定向力,其效果如图5-49所示。马达图标的位置和方向都会对围绕其旋转的粒子产生影响。

3. 漩涡

"漩涡"空间扭曲应用于粒子系统时,可以使粒子在急转的漩涡中旋转,然后形成一个长而窄的喷流或旋涡井,其效果如图5-50所示。漩涡在创建黑洞、涡流、龙卷风和其他对象时很有用。

图 5-49

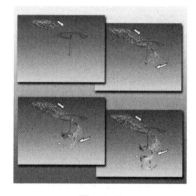

图 5-50

4. 阻力

"阻力"空间扭曲是一种按照指定量来降低粒子速率的粒子运动阻尼器。应用阻尼的方式可以是线形、球形或者柱形。阻力在模拟风阻、水中的移动、力场的影响及其他类似的情景时非常有用。

5. 粒子爆炸

"粒子爆炸"空间扭曲能制造出使粒子系统爆炸的冲击波,它有别于使几何体爆炸的"爆炸"空间扭曲。粒子爆炸尤其适合"粒子类型"设置为"对象碎片"的粒子阵列系统。

6. 路径跟随

"路径跟随"空间扭曲可以强制粒子沿螺旋形路径运动。使用"路径跟随"约束将粒子系统与路径关联起来,从而使粒子沿着路径运动,这也适用于螺旋形路径。

7. 重力

"重力"空间扭曲可以实现自然重力效果的模拟。重力也可以用于动力学模拟中。重力具有方向性，沿重力箭头方向的粒子加速运动，逆着箭头方向运动的粒子减速运动。

8. 风

"风"空间扭曲可以模拟自然界风吹的效果，也可以用于动力学模拟中。风具有方向性，顺着风力箭头方向运动的粒子呈加速状，逆着箭头方向运动的粒子呈减速状。

9. 置换

"置换"空间扭曲以力场的形式推动和重塑对象的几何外形。位移对几何体和粒子系统都会产生影响。

5.2.2　导向器

导向器空间扭曲用于使粒子偏转，它有以下六种类型。

1. "泛方向导向板"空间扭曲

泛方向导向板是一种平面泛方向导向器类型。它能提供比原始导向器更强大的功能，包括折射和繁殖能力。

2. "泛方向导向球"空间扭曲

泛方向导向球是一种球形泛方向导向器类型。它提供的选项比原始的导向球更多，此外其提供的是一种球形的导向表面而不是平面表面。

3. "全泛方向导向"空间扭曲

全泛方向导向提供的选项比原始的全导向器更多。该空间扭曲能够使用其他任意几何对象作为粒子导向器。

4. "导向球"空间扭曲

导向球起着球形粒子导向器的作用，通常与粒子系统结合使用，以模拟如引力场、涡流、风等物理效应，从而使粒子沿着特定的路径或轨迹移动。导向球可以将一个球体置于场景中，然后让粒子受到这个球体的吸引或排斥，从而实现粒子在空间中弯曲或弯折的效果。

5. "全导向器"空间扭曲

全导向器可以让操作者使用任意对象作为粒子导向器。它提供了强大的粒子模拟和渲染工具，以创建逼真的流体动画和火焰效果。在使用 FumeFX 进行空间扭曲时，可以通过模拟不同的场景来实现粒子和流体的各种效果。

6. "导向器"空间扭曲

导向器起着平面防护板的作用，它能排斥由粒子系统生成的粒子。将导向器和重力结合在一起可以产生瀑布和喷泉效果。

5.2.3　几何/可变形空间扭曲

几何/可变形这些空间扭曲用于使几何体变形。

1. 自由形式变形 FFD（圆柱体）空间扭曲

FFD（圆柱体）提供了通过调整晶格控制点使对象发生变形的方法。FFD（圆柱体）

图　5-51

空间扭曲在晶格中使用柱形控制点阵列，该 FFD 既可以作为对象修改器，也可以作为空间扭曲。

"FFD 参数"卷展栏如图 5-51 所示。该卷展栏用来设置晶格的大小和分辨率，以及显示和变形的方式。

2. "波浪"空间扭曲

"波浪"空间扭曲可以创建线性波浪。它产生作用的方式与"波浪"修改器相同。"波浪"空间扭曲可用于影响多个对象，或在世界空间中影响某个对象，如图 5-52 所示。其卷展栏如图 5-53 所示。

3. "涟漪"空间扭曲

"涟漪"空间扭曲可以创建同心波纹。它产生作用的方式与"涟漪"修改器相同。"涟漪"空间扭曲可用于影响多个对象，或在世界空间中影响某个对象，其卷展栏如图 5-54 所示。

4. "爆炸"空间扭曲

"爆炸"空间扭曲主要用于物体炸开效果的制作。通常会使用粒子系统和动画来模拟物体的分裂和碎裂。这包括粒子的产生、运动和消失，以模拟物体爆炸的效果。

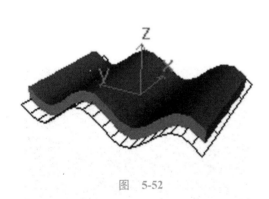

图　5-52

图　5-53

图　5-54

5.2.4　案例：爆炸药丸的制作

学习目标：学习粒子系统和空间扭曲力场的操作方式和参数调节。

知识要点：掌握基础粒子系统的创建方式，通过粒子基础参数的设置和空间扭曲力场效果的添加，来完成喷泉效果的制作过程。

实现步骤如下。

（1）打开爆炸的药丸初始效果文件，如图 5-55 所示。单击"创建"→"几何体"→"粒子系统"→"超级喷射"按钮，在场景中创建一个超级喷射系统，方向和大小如图 5-56 所示。在"修改"面板中修改其参数，轴偏离为 0、扩散为 180、平面偏移为 0、扩散为 180，如图 5-57 所示，视图预览效果如图 5-58 所示。

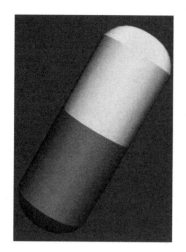

图 5-55

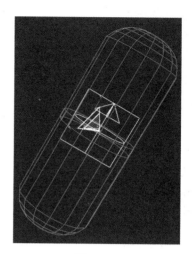

图 5-56

图 5-57

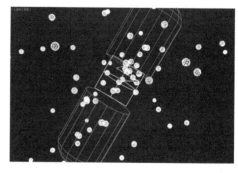

图 5-58

（2）按 M 键，弹出"材质编辑器"对话框，简单设置一下超级喷射粒子的材质，如图 5-59 所示。视图预览效果如图 5-60 所示。

（3）单击"创建"→"空间扭曲"→"导向器"→"导向球"按钮，在场景中创建一个导向球，如图 5-61 所示。调节其参数，反弹设置为 0.3，给予一定的反弹力，如图 5-62 所示。选择超级喷射粒子，在"主工具栏"面板中，单击"绑定到空间扭曲"按钮，这样就为粒子系统添加了导向球的影响，在拖动时间轴观察时，会发现粒子在发射过程中会受到导向球的影响而下落。

（4）单击"创建"→"空间扭曲"→"力"→"马达"按钮，在场景中创建一个马达，如图 5-63 所示。在编辑修改列表中调节参数，开始时间为 20，结束时间为 100，基

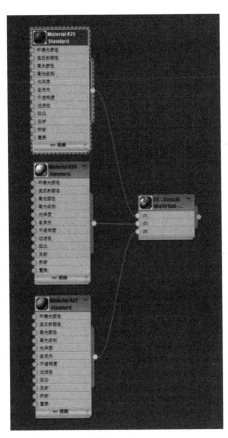

图 5-59

图 5-60

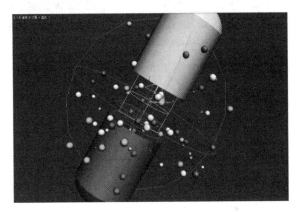

图 5-61

本扭矩为 10，如图 5-64 所示。选择超级喷射粒子，在"主工具栏"面板中，单击"绑定到空间扭曲"按钮，将马达链接到超级喷射粒子，拖动时间轴观察，会发现粒子在发射过程中会受到马达的影响。

图 5-62

图 5-63

图 5-64

（5）接下来为场景创建动画效果。单击时间轴的"自动"按钮，将时间滑块拖动到第 0 帧的位置，调节马达的"基本扭矩"为 10；将时间滑块拖动到第 100 帧的位置，调节马达的"基本扭矩"为 20，如图 5-65 所示。

（6）第 45 帧的视图预览效果如图 5-66 所示。

图 5-65

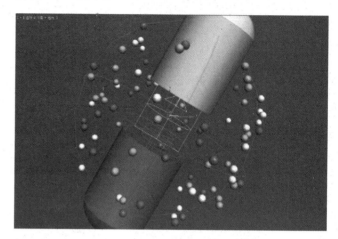

图 5-66

流水的制
作 .mp4

5.3 实训：流水的制作

本节将制作流水的动画，具体操作步骤如下。

（1）创建一个长方体，将模型修改为一个斜坡形状，效果如图 5-67 所示。

（2）单击"创建"→"几何体"→"粒子系统"→"粒子云"按钮，在场景中创建一个粒子云，在"修改"面板设置相关的显示图标参数，效果如图 5-68 所示。

图 5-67

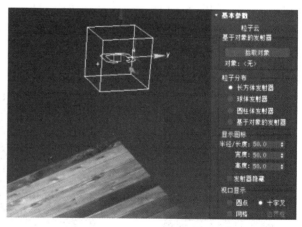

图 5-68

（3）打开"粒子生成"卷展栏，修改相关参数，如图 5-69 所示。单击"创建"→"空间扭曲"→"导向器"→"泛方向导向板"按钮，在场景中创建一个泛方向导向板，放置在木箱上方，调节其参数，参数设置如图 5-70 所示。

（4）在场景中创建一个重力，参数设置如图 5-71 所示。

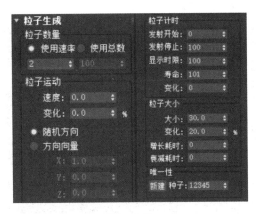

<table>
<tr><td>图　5-69</td><td>图　5-70</td></tr>
</table>

图　5-71

（5）单击"绑定到空间扭曲"按钮，单击选择场景中的重力，将其拖到粒子云上。同理，使用同样的方法将导向板拖到粒子云上。效果如图 5-72 所示。

（6）单击"播放"按钮。打开"粒子类型"卷展栏，调整相关参数，效果如图 5-73 所示。

（7）设置完成后，再次播放动画。打开"材质编辑器"，选择一个材质球，将标准材质切换为光线追踪材质，效果如图 5-74 所示。

（8）调整材质球参数，漫反射颜色 RGB 设置为 246、249、255，反射颜色 RGB 设置为 24、24、24，透明度的 RGB 设置为 247、247、247，并对高光级别和光泽度进行调整，将材质赋予粒子云，按 F10 键打开渲染器设置。参数如图 5-75 所示。

（9）设置完成后，按 Shift+Q 组合键对动画进行快速渲染，效果如图 5-76 所示。至此，流水的动画就制作完成了。

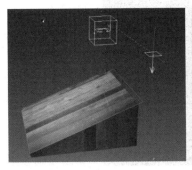

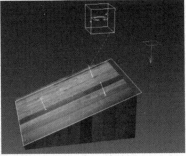

<table>
<tr><td>图　5-72</td><td>图　5-73</td></tr>
</table>

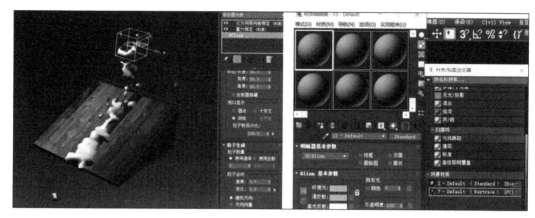

图 5-74

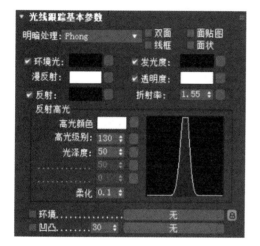
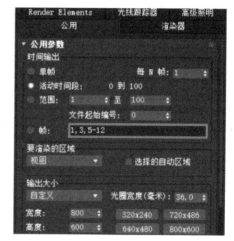

图 5-75

图 5-76

实训评价

"流水的制作"实训评价表如表 5-1 所示。

表 5-1 "流水的制作"实训评价表

序号	工作步骤	评 分 项	评 分 标 准	得 分		
				自评	互评	师评
1	课前学习评价（30分）	完成课前任务作答（10分）	规范性 30% 准确性 70%			
		完成课前任务信息收集（5分）				
		完成任务背景调研 PPT（5分）				
		完成线上教学资源的自主学习及课前测试（10分）				
2	课堂评价与技能评价（40分）	积极主动，答题清晰（10分）	表现积极主动，踊跃回答问题，5分 协助教师维护良好课堂秩序的，5分			
		熟练掌握课堂所讲知识点内容（10分）	根据知识点掌握程度酌情扣分，熟练 10 分，一般 8 分，需要协助 6 分			
		熟练操作完成课堂练习（14分）	根据软件操作熟练程度酌情扣分，熟练 14 分，一般 11 分，需要协助 8 分			
		实现案例模型的创建（6分）	独立实现案例模型创建，实现所有要点满分，少一个点扣 2 分			
3	态度评价（30分）	良好的纪律性（10分）	课堂考勤 3 分 服从管理 4 分 敬业认真 3 分			
		主动探究，能够提出问题和解决问题（10分）	态度积极 5 分 独立思考 3 分 乐于创新 2 分			
		团队协作能力（10分）	参与讨论 2 分 承担责任 2 分 乐于分享 3 分 领导能力 3 分			
合　　计				10	20	70

思考与练习

1. 什么是粒子系统？
2. 什么是空间扭曲？
3. 标准粒子提供了几种特殊的基本几何物体作为粒子？分别是什么？
4. 3ds Max 提供了＿＿＿＿、＿＿＿＿两种不同类型的粒子系统。
5. 粒子系统有＿＿＿＿、＿＿＿＿、＿＿＿＿、＿＿＿＿和＿＿＿＿五种类型的力空间扭曲。

第6章

灯光与摄影机

本章内容

本章重点介绍 3ds Max 的灯光和摄影机,对各种灯光和摄影机进行了详细的解说。通过本章的学习,希望读者能够对灯光和摄影机的使用方式有较深入的认识和了解,能够在具体设计实践中做到融会贯通。

知识目标

- 了解灯光的概念及相关知识;
- 了解摄影机的概念及相关知识。

能力目标

- 熟悉并掌握灯光的创建方式;
- 熟悉并掌握摄影机的创建方式;
- 掌握灯光和摄影机的参数调节。

6.1 灯光基础知识

在 3ds Max 中,灯光是模拟实际光照效果的操作对象,如室内的灯光、舞台的射灯和手术台的照明设备及太阳光本身等。不同种类的灯光对象以不同的方法投射灯光并可以产生阴影,模拟真实世界中不同种类的光源,效果如图 6-1 所示。

在三维动画中,灯光对象让画面的视觉效果更加逼真,强化整个场景的体积感和空间感。除了常规的照明效果之外,灯光还可以用来投射图像等。如果使用者并未在场景中创建灯光对象，3ds Max 软件自动使用默认的照明来着色或渲染场景。默认照明由两个不可见的灯光组成：一个位于场景上方偏左的位置，另一个位于下方偏右的位置。一旦场景中创建了灯光对象，那么默认的照明就会被禁用。如果在场景中删除所有的灯光对象，则又会重新启用默认照明。

图   6-1

3ds Max 提供两种类型的灯光：标准灯光和光度学灯光，所有灯光类型在视口中显示为灯光对象，它们的参数卷展栏不尽相同。标准灯光是比较常用的灯光对象，常用于模拟家用或办公室灯光、舞台灯光、电影拍摄时的灯光设备和太阳光等。标准灯光对象的使用方法较类似，可以模拟常见的大部分自然光源和人造光源，效果如图 6-2 所示。与光度学灯光不同，标准灯光的参数设置不以物理强度值为参考。

光度学灯光使用光度学（光能）值精确地定义灯光效果，就像真实世界中的人造光源一样，如图 6-3 所示。可以通过参数面板设置灯光的分布、强度、色温和其他灯光的特性。此外，可以导入特定的光度学文件来表现商用灯光的照明效果。光度学灯光以表现人造光源为主，不擅长表现自然光源。

图   6-2

图   6-3

6.2　标　准　灯　光

标准灯光使用范围较广，可以模拟大部分的自然光源和人造光源等。

6.2.1　标准灯光的类型

标准灯光的类型如图 6-4 所示，包括目标聚光灯、自由聚光灯、目标平行光、自由平行光、泛光和天光六种。单击"创建"→"灯光"→"标准"的灯光对象按钮即可创建标准灯光。

1. 目标聚光灯

"目标聚光灯"可以像射灯一样投射聚焦的光束，类似于剧院或路灯下的聚光区，如图 6-5 和图 6-6 所示。"目标聚光灯"具有可移动的目标对象，使用可移动的目标对象可以准确地设置灯光指向。

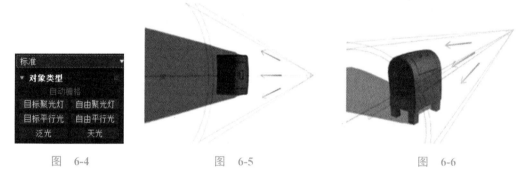

图　6-4　　　　　　　　　图　6-5　　　　　　　　　图　6-6

2. 自由聚光灯

与"目标聚光灯"不同，"自由聚光灯"没有目标对象，如图 6-7 和图 6-8 所示。可以通过移动和旋转自由聚光灯使其指向任何方向。

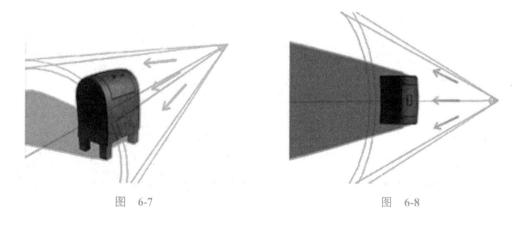

图　6-7　　　　　　　　　　　　　　　图　6-8

3. 目标平行光

"目标平行光"主要用于模拟类似太阳光的大范围照明效果，可以调整灯光的位置、颜色，并在三维空间中旋转灯光。目标平行光可以使用目标对象设置灯光指向。由于目标平行光的光照效果是平行的，所以平行光的光线呈圆形或矩形棱柱，而不是"圆锥体"，如图 6-9 和图 6-10 所示。

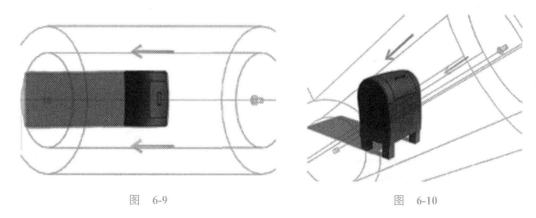

图　6-9　　　　　　　　　　　　　　　　图　6-10

4. 自由平行光

与"目标平行光"不同，"自由平行光"没有目标对象。移动和旋转灯光对象可以指向任何方向，如图 6-11 和图 6-12 所示。

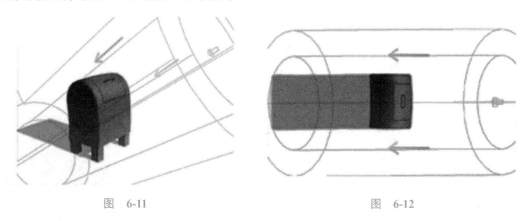

图　6-11　　　　　　　　　　　　　　　　图　6-12

5. 泛光

"泛光"是从单个光源向各个方向投射光线。泛光在场景中大多用于辅助照明的效果，或模拟点光源。泛光灯可以投射阴影，单个投射阴影的泛光灯等同于 6 个投射阴影的聚光灯，从中心指向外侧，如图 6-13 和图 6-14 所示。

6. 天光

"天光"用于投射类似于太阳光的全局照明效果，可以设置天光的颜色或指定光照贴图。该灯光常用于类似白天的光照环境效果，如图 6-15 所示。当使用默认扫描线渲染器进行渲染时，天光与高级照明（光跟踪器或光能传递）结合使用效果会更佳，如图 6-16 所示。

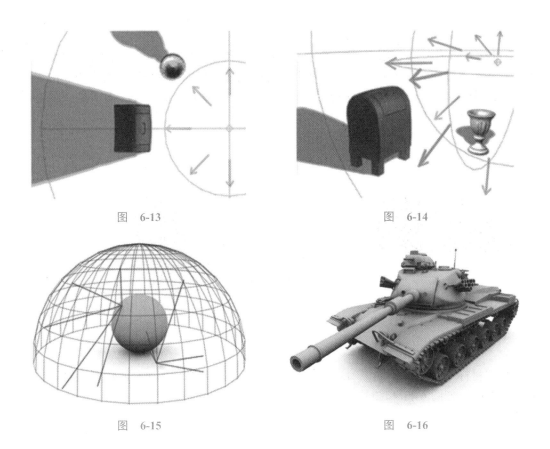

图　6-13

图　6-14

图　6-15

图　6-16

6.2.2　标准灯光参数

下面以聚光灯为例，对灯光的常用参数卷展栏和参数进行介绍。选择灯光后，进入修改面板，"常规参数"卷展栏如图6-17所示。

6.2.3　案例：室内场景布光

室内场景
布光.mp4

学习目标： 学习室内场景布光的基本原理和方法，掌握目标聚光灯和泛光的创建方式和参数的调整，对场景的照明进行合理的设置。

图　6-17

知识要点： 目标聚灯光的创建和参数调整，以及体积光的添加；泛光的创建和参数调整，通过两者的结合实现室内场景布光的实现。

实现步骤如下。

（1）打开文件夹中的"室内灯光_初始效果"文件，单击"创建"→"灯光"→"标准"→"目标聚光灯"按钮，在场景中创建一个灯光照明，目标聚光灯的参数如图6-18所示。单击"创建"→"灯光"→"标准"→"泛光"按钮，在场景中创建一个灯光照明，泛光的参数如图6-19所示。

创建好的灯光位置如图6-20所示。

图 6-18

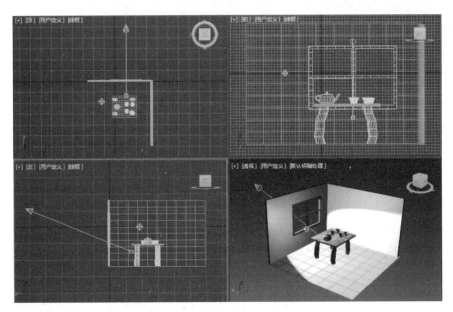

图 6-19

图 6-20

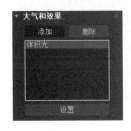

图 6-21

（2）在"目标聚光灯"的"大气和效果"卷展栏中单击"添加"按钮，弹出如图 6-21 所示的对话框，然后选择"体积光"，效果如图 6-21 所示。

（3）单击"大气和效果"卷展栏中的"设置"按钮，在弹出的"体积光参数"卷展栏中修改参数，为了增加体积光的质感，可以把噪波打开，设置数量为 0.5，如图 6-22 所示。

（4）按 F9 键（快速渲染），对当前摄影机视图进行渲染，如

图 6-23 所示。

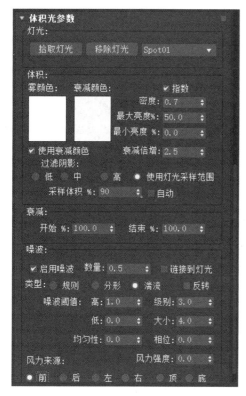

图　6-22

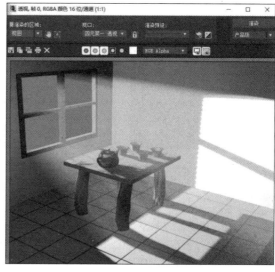

图　6-23

6.3　光度学灯光

光度学灯光通过设置灯光的光度学值来显示场景中的场景灯光效果。用户可以为各种灯光指定分布方式、颜色特征，也可以导入特定的光度学文件。

6.3.1　光度学灯光类型

光度学灯光包括目标灯光、自由灯光和太阳定位器三种类型，如图 6-24 所示。单击"创建"→"灯光"→"光度学"中的灯光按钮即可创建光度学灯光。

图　6-24

1. 目标灯光

"目标灯光"具有用于灯光指向的目标子对象。图 6-25 所示分别为采用统一球形、聚光灯分布及光度学 Web 的目标灯光的视口示意图。

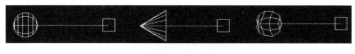

图 6-25

2. 自由灯光

"自由灯光"不具备目标子对象，如图 6-26 所示，可以通过使用变换调整它的方向。

图 6-26

3. 太阳定位器

类似于 3ds Max 之前版本中的太阳光和日光系统，"太阳定位器"使用的灯光符合太阳在地球上某一给定位置的角度和运动。通过太阳定位器可以选择位置、日期、时间和指南针方向，也可以设置日期和时间的动画。与传统的太阳光和日光系统相比，太阳定位器的主要优势是高效、直观。太阳定位器位于"灯光"面板中，其主要功能（如日期和位置的设置）等位于"太阳位置"卷展栏中。一旦创建了"太阳位置"对象，系统就会自动创建环境贴图和曝光控制插件。这样可以避免重复操作，简化工作流程。

6.3.2 光度学灯光参数

1. "模板"卷展栏

"模板"卷展栏如图 6-27 所示，可以在其下拉列表中选择各种预设的灯光模板。单击"选择模板"按钮后，将使用预设灯光的参数值，并且列表之上的文本区域会显示该灯光的说明。

2. "常规参数"卷展栏

"常规参数"卷展栏中的"灯光分布（类型）"如图 6-28 所示，其类型选项有以下五种。

图 6-27

"光度学 Web"分布：光度学 Web 分布使用光域网定义分布灯光。如果选择该灯光类型，在"修改"面板上将显示对应的卷展栏。

"聚光灯"分布：当使用聚光灯分布创建或选择光度学灯光时，"修改"面板上将显示对应的卷展栏。

"统一漫反射"分布：仅在半球体中投射漫反射灯光，就如同从某个表面发射灯光一样。

"统一球形"分布：可在各个方向上均匀投射灯光。

3. "强度 / 颜色 / 衰减"卷展栏

"强度 / 颜色 / 衰减"卷展栏如图 6-29 所示，可用于设置灯光的颜色和强度。衰减极限等。

4. "图形 / 区域阴影"卷展栏

"图形 / 区域阴影"卷展栏如图 6-30 所示，用于生成灯光阴影。

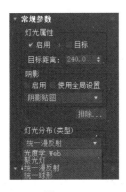

图　6-28　　　　　　　　　图　6-29　　　　　　　　　图　6-30

壁灯效
果的制
作 .mp4

6.3.3　壁灯效果的制作

学习目标： 创建光度学目标灯光，并将灯光指定为 Web 灯光。

知识要点： 学习如何创建光度学目标灯光并利用光域网文件进行照明设置，模拟壁灯效果的制作。

实现步骤如下。

（1）打开初始效果文件，单击"创建"→"灯光"→"光度学"→"目标灯光"按钮，在视图中创建目标灯光，位置如图 6-31 所示。

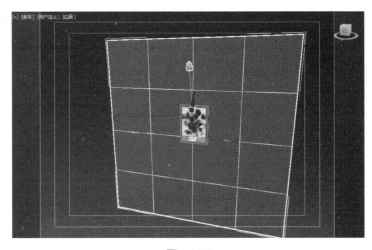

图　6-31

（2）在"常规参数"卷展栏中选择"灯光分布（类型）"为"光度学 Web"，如图 6-32 所示。在"分布（光度学 Web）"卷展栏中单击"< 选择光度学文件 >"按钮，在弹出的对话框中选择"光域网 .ies"光度学文件，单击"打开"按钮，这时"< 选择光度学文件 >"按钮转换为"光域网"，如图 6-33 所示。

(a) 添加 "光域网" 前　　　　(b) 添加 "光域网" 后

图　6-32　　　　　　　　　　　　　图　6-33

（3）按 F9 键，快速渲染，得到如图 6-34 所示的效果。画面效果与灯光的位置和参数设置有关，通过不同距离和不同强度的参数调节，可以制作出丰富的灯光效果。读者可以多下载一些光域网文件进行测试，多加练习以熟悉用法和使用技巧。

图　6-34

6.4　摄　影　机

在 3ds Max 中摄影机对象用于模拟现实世界中的静止图像、运动图片或视频摄像等。摄影机对象的设置和操控跟现实生活中的摄影机基本一样，但比现实生活中的摄影机更为灵活和方便。3ds Max 中摄影机对象是三维场景中必不可少的组成部分，最后制作完成的场景和动画都要由它来表现，它的功能比现实中的摄影机更加强大，更加便利。3ds Max 包含两种摄影机类型：一种是物理摄影机；另一种是传统摄影机，包括目标摄影机和自由摄影机，如图 6-35 所示。其中，目标摄影机创建一个双图标，用于表示摄影机本身（与蓝色三角形相交的蓝色框）和摄影机目标对象（蓝色框）。自由摄影机创建单个图标，表示摄影机本身及其视野。摄影机示例及渲染效果如图 6-36 所示。

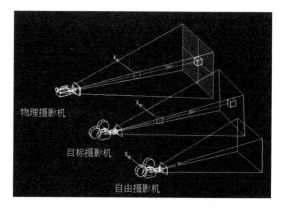

图　6-35

（1）物理摄影机是可以用于真实照片级渲染的摄影机类型，与 3ds Max 其他摄影机相比，它模拟真实的摄影机成像效果，能更轻松地调节透视关系。它提供 ISO 感光度、快门速度、光圈、白平衡和曝光值等设置，另外还有许多其他特殊功能和效果，接近于真实的单反相机。需要指出的是，物理摄影机的使用相对复杂，使用者需要在前期对摄像摄影的相关概念和参数有一定了解，并在大量练习之后才能熟悉掌握该使用技巧。对于一般的渲染项目而言，使用 3ds Max 默认的目标或者自由摄影机即可。

（2）目标摄影机是 3ds Max 软件默认的摄影机类型，配合目标对象使用，用于表现以目标对象为中心的场景内容，易于定位，方便操作。目标摄影机本身及其目标对象可以设置动画，可以将它们分别设置为不同的动画，在摄影机本身独立运动时，还可以通过目标对象的移动控制拍摄场景。

（3）自由摄影机没有目标对象，只有摄影机本身，表现镜头所指方向内的场景内容，多用于轨迹动画，视图画面随着路径的变化而变化，如室内巡游、室外鸟瞰、车辆跟踪等动画。当需要摄影机沿着路径表现动画时，使用自由摄影机更加方便。

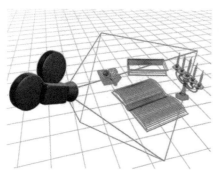 

图　6-36

6.4.1　摄影机的使用

要使用摄影机，需要先创建摄影机，将镜头或目标对象指向场景中的对象。如果使用目标摄影机，则拖动目标对象使其位于摄影机观看的方向或对象。如果使用自由摄影机，则应旋转和移动摄影机图标使其面向需要观看的方向或对象。

选择摄影机时，如果场景中只存在一个摄影机，则可以在激活视口按下 C 键，切换到"摄影机"视口。如果存在多个摄影机，按下 C 键会弹出来"选择摄影机"对话框，然后选择需要的摄影机即可。

1. 摄影机特性

真实世界的摄影机通过镜头将物体反射的光线收集，再通过摄影器件把光转变为电能，即得到了"视频信号"，如图 6-37 所示。摄影机有以下几个重要参数。

（1）焦距：镜头和灯光敏感性曲面间的距离，不管是在电影摄影机还是单反相机中都指的是镜头的焦距。焦距影响对象出现在图片上的清晰度。焦距越小，镜头中包含的场景就越广，但是远距离对象更加模糊，加大焦距则会相反。

焦距以毫米为单位进行测量。50mm 镜头通常是摄影的标准镜头。焦距小于 50mm 的镜头称为短镜头或广角镜头。焦距大于 50mm 的镜头称为长镜头或长焦镜头。

（2）视野（field of view, FOV）：FOV 控制可见场景的范围。FOV 以水平线度数进行测量。它与镜头的焦距直接相关。例如，50mm 的镜头显示水平线为 46°。镜头越长，FOV 越窄。镜头越短，FOV 越宽。

FOV 和透视的关系如下。

① 短焦距（宽 FOV）强化透视变形，使对象看起来更宏伟、更高大，如图 6-38 右下图所示。

② 长焦距（窄 FOV）弱化透视变形，使对象看起来压平或与观察者平行，如图 6-38 左上图所示。

需要指出的是，50mm 镜头的使用频率较高，主要原因是它接近肉眼看到的透视效果，这样的镜头广泛地用于摄影、新闻照片、电影等。

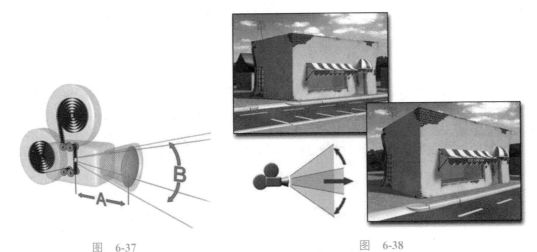

图　6-37　　　　　　　　　　　　　　　　图　6-38

2. 使用"剪切平面"排除几何体

使用"剪切平面"可以排除场景的一些对象，只查看或渲染场景的某些部分。每个摄影机对象都具有近距和远距剪切平面。对于摄影机而言，比近距剪切平面近或比远距剪切平面远的对象是不可视的。如果场景中有许多复杂几何体，那么剪切平面对其中选定部分的场景渲染非常有用。如图 6-39 所示，左下图中剪切平面排除前景椅子和桌子前方区域，右下图中剪切平面排除背景椅子和桌子后方区域。

剪切平面设置是摄影机参数的一部分。每个剪切平面的位置是沿着摄影机的视线（其局部 Z 轴）进行测量的。可以分别设置摄影机的近距剪切平面或者远距剪切平面，来排除近距平面对象或远距平面对象，当然也可以同时设置近距和远距剪切平面。

3. 安全框

安全框显示渲染视口的哪一部分可见，检查渲染输出中可能裁剪的部分对象或画面。要查看安全框，可以从视口左上角标签菜单选择"显示安全框"或者按 Shift+F 组合键，摄影机视口中将会显示 4 个矩形，最外面是淡黄色，里面是淡蓝色，再里面是黄色，最里面是紫色，如图 6-40 所示。外部淡黄色矩形表示当前渲染画面的区域和纵横比。中间的淡蓝色矩形是动作安全框，对象的动画或动作尽量放在该安全框内。中间黄色矩形表示字幕安全框，标题及文字等尽量放置在该安全框内。内部紫色矩形表示用户安全框，重要的画面对象尽量放置在该安全框内。这些安全框方便查看视口中渲染输出的对象是否完整，画面的纵横比是否正确等，是非常有用的控件。

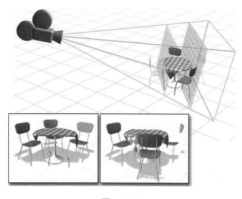

图 6-39   图 6-40

4. 设置摄影机动画

当"设置关键点"或"自动关键点"按钮处于启用状态时，在不同的关键帧中变换或更改摄影机参数就可以设置摄影机的动画，计算机会自动地在关键帧之间插补摄影机的变换及参数值。通常，在场景动画中，需要不停地移动摄影机时，最好使用自由摄影机。而在其他一些场景动画中，需要固定摄影机位置时，则使用目标摄影机设置动画会更加方便。

6.4.2 摄影机参数

"参数"卷展栏如图 6-41 所示，其中有以下参数需要重点关注。

（1）"镜头"：以毫米为单位设置摄影机的焦距。可以使用镜头微调器指定焦距值，也可以使用备用镜头组框中的预设值。

（2）"视野"：决定摄影机查看区域的宽度（视野）。

（3）"正交投影"：启用该选项后，摄影机视图看起来就像没有透视关系的正交视图。禁用该选项后，摄影机视图就像具有透视效果的正常视图。

（4）备用镜头：这些预设值用于设置摄影机的焦距（以毫米为单位）。

（5）类型：将摄影机类型从目标摄影机更改为自由摄影机，反之亦然。

（6）"环境范围"选项组中各个选项的介绍如下。

① 显示：显示在摄影机锥形光线内的矩形，以显示"近距范围"和"远距范围"的设置。

② 近距范围、远距范围：确定在环境面板上设置大气效果的近距范围和远距范围限制。在两个限制之间的对象消失在远端百分值和近端百分值之间。

（7）剪切平面：设置选项来定义剪切平面。在视口中，剪切平面在摄影机锥形光线内显示为红色的矩形(带有对角线)。

（8）多过程效果：使用这些控件可以指定摄影机的"景深"或"运动模糊"效果。当由摄影机生成时，通过使用偏移以便多通道渲染场景，这些效果将生成模糊。它们将增加渲染时间。

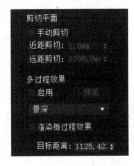

图 6-41

6.4.3 案例：摄影机动画的创建

摄影机动画的创建 .mp4

学习目标：创建目标摄影机，掌握摄影机绑定路径的使用方式。

知识要点：使用目标摄影机配合路径创建摄影机漫游动画，通过路径约束命令，分别对摄影机和目标点的绑定进行动画设置。

本节我们制作摄影机的常见动画，操作步骤如下。

（1）打开"高铁车间"场景。单击"创建"→"图形"→"样条线"→"线"按钮创建一条曲线，随后在"创建"面板中创建一个虚拟对象，效果如图6-42所示。

（2）单击"创建"→"摄影机"→"标准"→"自由"按钮，在视图中创建一个自由摄影机，摄影机高度处于人的视角高度即可，效果如图6-43所示。

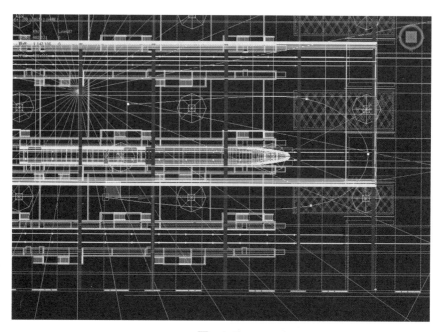

图　6-42

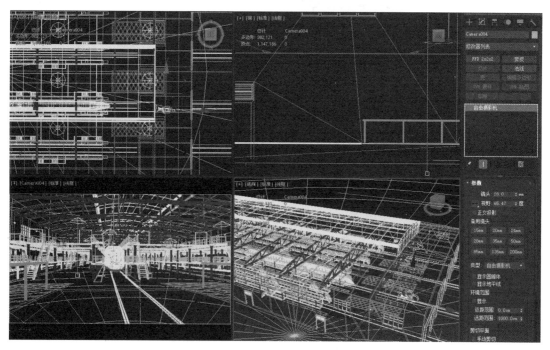

图　6-43

（3）单击"时间配置"按钮,配置动画的时间长度为 200 帧。选择虚拟对象,单击"动画"菜单下的"约束"→"路径约束"按钮,将虚拟对象约束到创建好的曲线上。然后选择自由摄影机,利用"主工具栏"中的"绑定"按钮将摄影机绑定到虚拟对象上,这样就可以通过虚拟对象来控制摄影机的位移了,效果如图 6-44 所示。

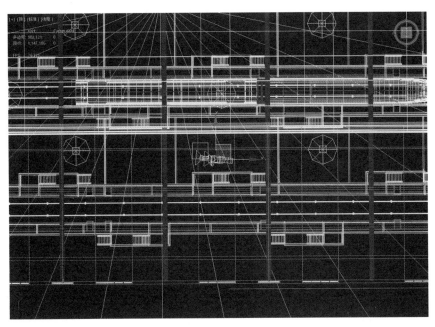

图 6-44

（4）设置完成后，按 C 键，快速切换到摄影机视图，拖动时间滑块观看动画效果，效果如图 6-45 所示。

图 6-45

（5）为了使摄影机动画更加生动，给摄影机添加注视约束，选择自由摄影机后，单击动画菜单下的"约束"→"注视约束"按钮，再选择场景中的对象，这样摄影机画面就会一直面对该对象。效果如图 6-46 所示。

（6）设置完成后，再次播放动画效果。现在就可以设置渲染参数，输出摄影机动画。至此，摄影机的常见动画就制作完成了。

图　6-46

思考与练习

1. 3ds Max 提供了_____和_____两种最基本的灯光类型。
2. 3ds Max 中摄影机有几种类型？其特点分别是什么？

第7章

环境特效动画制作

本章内容

本章主要讲解 3ds Max 中常用的"环境和效果"编辑器和 Video Post 后期合成,"环境和效果"编辑器不但可以设置背景和背景贴图,还可以模拟现实生活中对象被特定环境围绕的现象,如雾、火焰、体积光等。Video Post 后期合成是功能强大的编辑、合成与特效处理工具,它将场景图片、滤镜等要素结合起来。通过本章,读者将掌握 3ds Max 中环境特效动画的制作和应用技巧。

学习目标

- 熟悉环境编辑器的使用方法;
- 了解公用参数和曝光控制的使用方法。

能力目标

- 掌握大气特效的使用方法和参数调节;
- 掌握 Video Post 后期合成的使用方法和参数调节。

7.1 环境编辑器

大气特效可以创建火效果、雾、体积雾、体积光四种大气效果。在菜单栏中单击"渲染"→"环境"按钮,弹出"环境和效果"对话框,如图 7-1(a)所示。然后在"大气"面板中单击"添加"按钮,即可弹出"添加大气"对话框,如图 7-1(b)所示。大气效果只在摄影机视图或透视图中会被渲染,在正交视图或用户视图中不会被渲染。

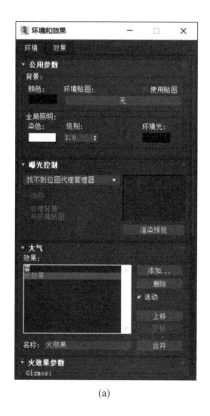

(a)

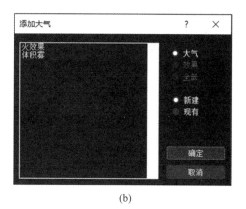

(b)

图　7-1

"火效果"：可以制作火焰、烟雾和爆破等动画效果，包括模拟篝火、火炬、烟云和星云等，必须以大气装置为载体才能产生效果，其效果如图 7-2 所示。

"雾"：提供雾和烟雾的大气效果，随着与摄影机距离的增加，对象逐渐被雾笼罩，其效果如图 7-3 所示。

图　7-2

图　7-3

"体积雾"：提供体积雾的效果，雾密度在 3D 空间中不是恒定的，可以形成透气性的云状雾效果，如图 7-4 所示。

"体积光"：根据灯光与大气（雾、烟雾等）的相互作用提供照明效果，其效果如图 7-5 所示。

图　7-4

图　7-5

7.2　"公用参数"卷展栏

"公用参数"卷展栏用于设置场景的背景颜色及环境贴图，包括的参数及功能如下。

（1）"颜色"：设置场景和背景的颜色。单击下方的色块，然后在"颜色选择器"中选择所需的颜色，如图 7-6 所示。

（2）"环境贴图"：会显示贴图的名称，如果尚未设置名称，则显示"无"，贴图必须使用环境贴图坐标等。要指定环境贴图，单击"无"按钮，使用"材质／贴图浏览器"选择贴图。

（3）"使用贴图"：勾选该选项，当前环境贴图才生效。

（4）"染色"：如果此颜色不是白色，则为场景中的所有灯光（环境光除外）染色。单击色块，显示"颜色选择器"对话框，用于选择色彩颜色。

（5）"级别"：增强场景中的所有灯光。如果级别为 1.0，则保持灯光的原始设置。增大级别将增强场景的照明强度。减小级别将减弱场景的照明强度。

（6）"环境光"：设置环境光的颜色。单击色块，然后在"颜色选择器"中选择所需的颜色。

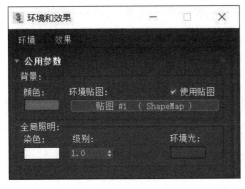

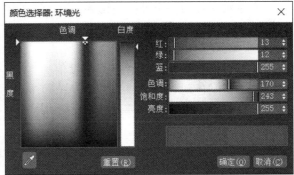

图　7-6

7.3 "曝光控制"卷展栏

"曝光控制"卷展栏（见图 7-7）用于调整渲染的输出级别和颜色范围。曝光控制可以补偿显示器有限的动态范围，显示器上显示的最亮颜色要比最暗颜色亮大约 100 倍。曝光控制调整颜色亮度，使其更好地模拟眼睛的大体动态范围，同时使其仍在合适渲染的颜色范围内。

"活动"：勾选该选项时，在渲染中使用当前曝光控制；取消勾选时，不使用当前曝光控制。

"处理背景与环境贴图"：勾选该选项时，场景中的背景贴图会受曝光控制的影响；取消勾选时，则不受曝光控制的影响。

"渲染预览"：单击该按钮，在预览窗口中会显示出受曝光控制的影响效果。渲染前先执行这个命令，可以对曝光设置进行预览。

通过"曝光控制"的下拉列表可以选择要使用的曝光控制，如图 7-8 所示。其中，"找不到位图代理管理器"是指没有处于活动状态的曝光控制，该选项是默认选项；"物理摄影机曝光控制"在物理摄影机渲染高动态范围场景时使用。

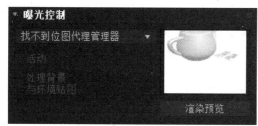

图 7-7

图 7-8

7.3.1 对数曝光控制

"对数曝光控制"通过调整亮度、对比度等模拟阳光中的室外效果，该卷展栏如图 7-9 所示，具体参数功能如下。

（1）"亮度"：调整颜色的亮度值。

（2）"对比度"：调整颜色的对比度值。

（3）"中间色调"：调整中间色的色值范围到更高或更低。

（4）"物理比例"：设置曝光控制的物理比例，用于非物理灯光。

（5）"颜色校正"：修正由于灯光颜色影响产生的视角颜色偏移。

（6）"降低暗区饱和度级别"：通过该选项，可以模拟环境光线昏暗，眼睛无法分辨色相的视觉效果。

（7）"仅影响间接照明"：勾选该选项，曝光控制仅影响间接照明区域。

（8）"室外日光"：该选项用于处理 IES Sun 灯光用于场景照明时产生的曝光过度问题。

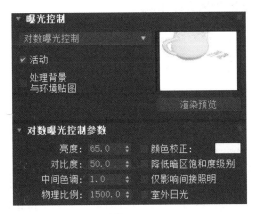

图 7-9

7.3.2 伪彩色曝光控制

"伪彩色曝光控制"使用不同的颜色来显示场景中的灯光照明强度和效果，红色代表照明过度，蓝色代表照明不足，而绿色代表照明合适，其参数设置卷展栏如图 7-10 所示，具体参数功能如下。

图 7-10

（1）"数量"：选择所测量的值，包括"照度"和"亮度"。其中"照度"显示入射光的值，"亮度"显示反射光的值。

（2）"样式"：选择显示值的方式，包括"彩色"和"灰度"。"彩度"显示从白色到黑色范围的灰色调。

（3）"比例"：选择使用映射的方法，包括"对数"和"线性"。其中"对数"是指使用对数的比例，"线性"是指使用线性比例。

（4）"最小值"：设置在渲染中要测量和表示的最低值。小于或等于此值将映射最左端的显示颜色。

（5）"最大值"：设置在渲染中要测量和表示的最高值。大于或等于此值将映射最右端的显示颜色。

（6）"物理比例"：设置曝光控制的物理比例。

7.3.3　自动曝光控制

"自动曝光控制"对当前渲染的图像进行采样，创建一个柱状图统计结果，依据采样统计结果对不同的色彩分布进行曝光控制，进而提高场景中的光效亮度。其参数卷展栏如图 7-11 所示。其参数功能如下。

（1）"亮度"：调整颜色亮度值。

（2）"对比度"：调整颜色的对比度。

（3）"曝光值"：调整渲染的总体亮度，它的范围为 −5~5。

（4）"物理比例"：设置曝光控制的物理比例。

（5）"颜色校正"：修正由于灯光颜色影响产生的视角颜色偏移。

（6）"降低暗区饱和度级别"：通过该选项，可以模拟环境光线昏暗，眼睛无法分辨色相的视觉效果。

7.3.4　线性曝光控制

"线性曝光控制"对渲染图像进行采样，计算出场景的平均亮度值并将其转换成 RGB 值，适用于低动态范围的场景。它的参数类似于"自动曝光控制"，其参数选项参见"自动曝光控制"，如图 7-12 所示。

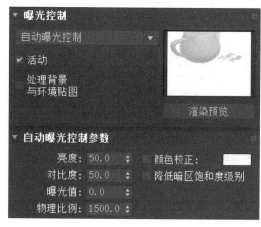

图　7-11

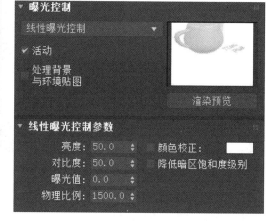

图　7-12

7.4 大 气 特 效

7.4.1 "火效果参数"卷展栏

"火效果参数"卷展栏及效果如图 7-13 所示,它包括"Gizmos"组、"颜色"组、"图形"组、"特性"组、"动态"组和"爆炸"组,各参数功能如下。

1. "Gizmos"组

(1)"拾取 Gizmo":单击此按钮,可以选择大气装置添加到装置列表。

(2)"移除 Gizmo":单击此按钮,可以将大气装置移出装置列表。

2. "颜色"组

(1)"内部颜色":设置效果中最密集的颜色,此颜色代表火焰中温度最高的部分。

(2)"外部颜色":设置效果中最稀薄的颜色,此颜色代表火焰中温度最低的部分。

(3)"烟雾颜色":设置烟雾的颜色,如果启用"爆炸"选项,内部颜色和外部颜色将变为烟雾颜色。

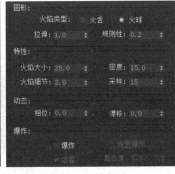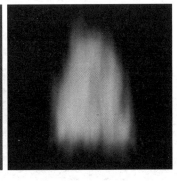

图 7-13

3. "图形"组

(1)"火舌":沿着中心创建具有方向的火焰。火焰方向沿着装置的局部 Z 轴,类似篝火的火焰,其效果如图 7-14(a)所示。

(2)"火球":创建圆形的爆炸火焰,适合爆炸效果,其效果如图 7-14(b)所示。

(3)"拉伸":将火焰沿着 Z 轴缩放,拉伸为椭圆形状,适合火舌效果。其效果如图 7-15 所示。

(4)"规则性":设置火焰填充的方式。范围为 0~1,其效果如图 7-16 所示。

4. "特性"组

(1)"火焰大小":设置装置中各个火焰的大小。装置大小会影响火焰的大小,装置越大,需要的火焰也越大。其效果如图 7-17 所示。

(2)"火焰细节":控制每个火焰中显示的颜色更改量和边缘尖锐度,范围为 0~10,较低的值可以生成平滑、模糊的火焰;较高的值可以生成清晰的火焰。其效果如图 7-18 所示。

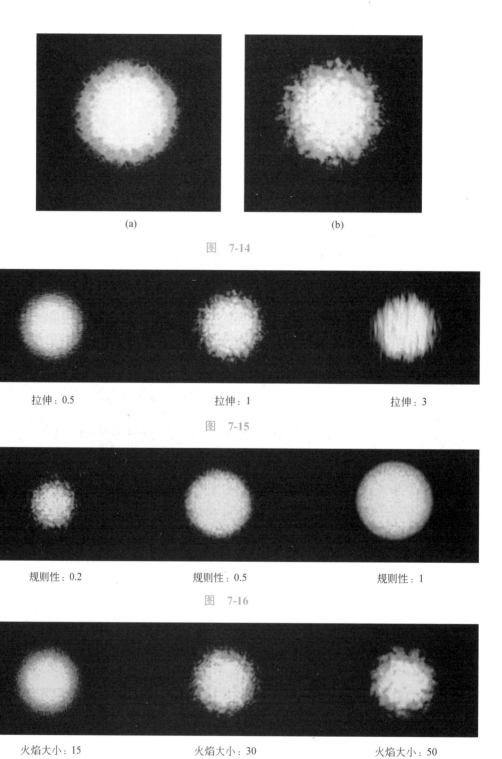

(a)　　　　　　　　　　　　(b)

图　7-14

拉伸：0.5　　　　　　　　拉伸：1　　　　　　　　拉伸：3

图　7-15

规则性：0.2　　　　　　　规则性：0.5　　　　　　　规则性：1

图　7-16

火焰大小：15　　　　　　火焰大小：30　　　　　　火焰大小：50

图　7-17

（3）"密度"：设置火焰效果的不透明度和亮度。密度值越小，火焰越稀薄、透明。其效果如图 7-19 所示。

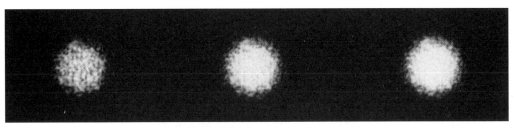

火焰细节：1　　　　　　　火焰细节：2　　　　　　　火焰细节：5

图　7-18

密度：10　　　　　　　　密度：60　　　　　　　　密度：120

图　7-19

5. "动态" 组

（1）"相位"：更改火焰效果的速率。可以设置不同的相位值来表现动画效果，如图 7-20 所示。

相位：0　　　　相位：30　　　　相位：100　　　　相位：200　　　　相位：300

图　7-20

（2）"漂移"：设置火焰沿装置 Z 轴的渲染方式。

6. "爆炸" 组

（1）"爆炸"：根据相位值自动设置大小、密度和颜色动画。

（2）"烟雾"：设置爆炸是否产生烟雾。

（3）"设置爆炸 ..."：单击此按钮，弹出设置爆炸相位对话框。输入开始时间和结束时间，设置爆炸动画。

（4）"剧烈度"：改变相位参数的涡流效果。

7.4.2　"体积雾参数" 卷展栏

"体积雾参数" 卷展栏如图 7-21 所示，该卷展栏中包含 "体积" 组和 "噪波" 组，常用参数功能如下。

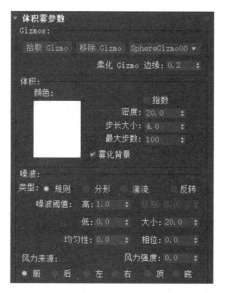

图　7-21

1."体积"组

（1）"指数"：雾效随距离按指数增大密度。禁用该选项，雾效密度随距离线性增大。

（2）"密度"：控制雾的密度。范围为 0~20，超过该值范围将会看不到场景，其效果如图 7-22 所示。

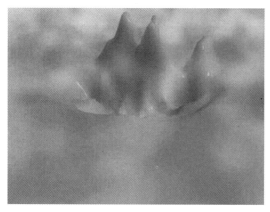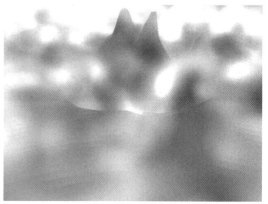

图　7-22

（3）"步长大小"：确定雾的采样颗粒和细节。

（4）"最大步数"：限制采样量。

2."噪波"组

（1）"类型"：设置体积雾的噪波类型，包括"规则""分形"和"湍流"3 种。

（2）"反转"：反转噪波效果。

（3）"噪波阈值"：限制噪波效果，范围为 0~1。

（4）"均匀性"：范围为 –1~1。值越小，雾就越薄，体积越透明。

（5）"级别"：设置噪波迭代应用的次数。只有噪波类型选择"分形"或"湍流"时才启用。

（6）"大小"：确定雾的颗粒大小，其效果如图 7-23 所示。

图　7-23

7.4.3　"体积光参数"卷展栏

体积光根据灯光与大气（雾、烟雾等）的相互作用提供光照效果。体积光参数卷展栏如图 7-24 所示，它包括"灯光"组、"体积"组和"噪波"组，其中常用的一些参数功能如下。

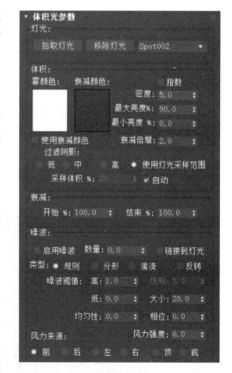

1."灯光"组

"拾取灯光"/"移除灯光"按钮：单击"拾取灯光"按钮，在视口中添加体积光启用的灯光；单击"移除灯光"按钮，将灯光从列表中移除。

2."体积"组

（1）"雾颜色"：设置组成体积光的雾的颜色。

（2）"衰减颜色"：体积光随距离从雾颜色渐变到衰减颜色。

（3）"指数"：随距离按指数增大密度。

（4）"密度"：设置雾的密度。不同密度效果如图 7-25 所示。

3."噪波"组

（1）"启用噪波"：启用和禁用噪波。

（2）"数量"：雾的噪波的百分比。不同效果如图 7-26 所示。

图　7-24

（3）"类型"：设置噪波类型，有"规则""分形"和"湍流"三种。

（4）"反转"：反转噪波效果。浓雾将变为半透明的雾，反之亦然。

图　7-25

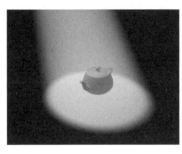

图　7-26

灯光特效的制作 .mp4

7.4.4　案例：灯光特效的制作

学习目标：学习用体积光来完成灯光特效的制作。

知识要点：通过体积光效果的使用和参数设置来完成灯光特效的制作。

实现步骤如下。

（1）打开初始效果文件，选择"聚光灯"，进入"修改"面板，在"聚光灯参数"面板中将"聚光灯"→"光束值"设置为 20，将"衰减区"→"区域值"设置为 22，效果如图 7-27 所示。

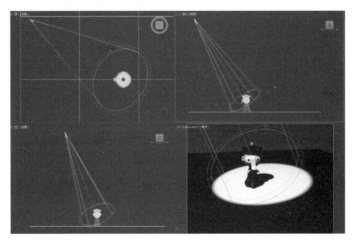

图　7-27

（2）按数字 8 键，打开"环境和效果"对话框，在"大气"卷展栏中单击"添加"按钮，在弹出的"添加大气"对话框中选择"体积光"，并单击"确定"按钮。在"体积光参数"卷展栏中，单击灯光组中的"拾取灯光"按钮，在视图中选择聚光灯，将体积光效果添加到聚光灯上，效果如图 7-28 所示。单击"体积"组下的"雾颜色"按钮，将雾颜色更改为淡黄色（240,220,210），如图 7-29 所示。

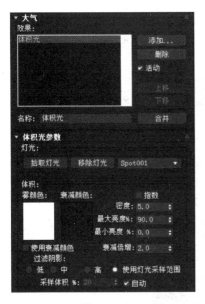

图　7-28

图　7-29

（3）设置参数，将密度更改为 0.2，选择"高"，采样体积 % 设置为 80。在"噪波"组中，勾选"启用躁波"，将数量设置为 0.5，勾选"链接到灯光"，如图 7-30 所示。修改完成后，按 Shift+Q 组合键进行快速渲染，效果如图 7-31 所示。

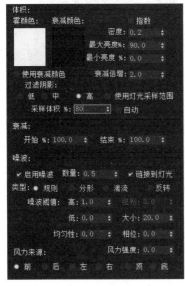

图　7-30

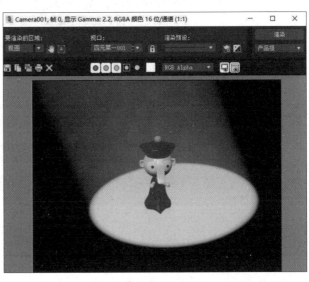

图　7-31

7.5　视频后期处理

视频后期处理是独立的对话框，该对话框的编辑窗口会显示视频中每个事件出现的时间，每个事件都与具有范围栏的轨迹相关联。单击"渲染"→"视频后期处理"按钮，即可打开"视频后期处理"对话框（见图 7-32），该对话框的界面如图 7-33 所示。

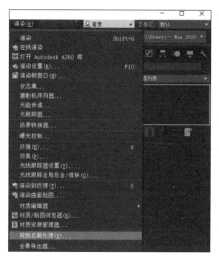

图　7-32

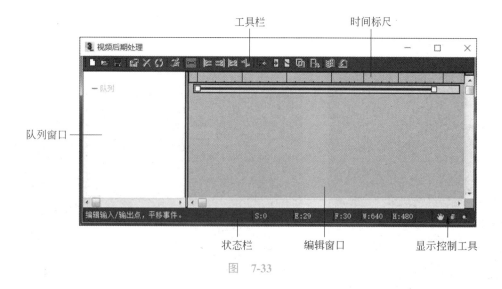

图　7-33

7.5.1　视频后期处理功能介绍

（1）队列窗口：提供要合成的图像、场景和事件的层级列表。

（2）状态栏：显示当前事件的开始帧、结束帧等信息，中间五个信息栏含义如下。

· S（开始）/E（结束）：显示选定轨迹的开始帧和结束帧。

· F（帧）：显示选定轨迹或整个队列的帧总数。

· W（宽度）/H（高度）：显示队列中事件渲染图像的宽度和高度。

（3）显示控制工具：控制编辑窗口的显示大小，各按钮功能介绍如下。

· "推移"：用于移动事件轨迹的区域。

· "最大化显示"：水平调整事件轨迹区域，使轨迹栏的所有帧都可见。

· "缩放时间"：在事件轨迹区域显示较多或较少数量的帧，可缩放显示。

· "区域放大"：通过在事件轨迹区域中拖动矩形来放大选择区域。

（4）编辑窗口：以条棒表示当前项目作用的时间区域。

（5）时间标尺：显示当前动画时间的总长度。

（6）工具栏：罗列视频后期处理的全部主命令按钮。

7.5.2 案例：耀斑特效的制作

学习目标：使用视频后期处理来完成耀斑特效的制作。

知识要点：通过视频后期处理中的光晕、光环、自动二级光斑等进行图像特效处理，并合成渲染输出动画影片。

实现步骤如下。

（1）双击耀斑特效的初始效果文件，打开后效果如图 7-34 所示。场景中有一个路灯，一面墙和一棵树及地面等。

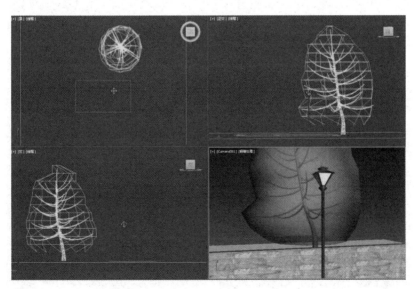

图 7-34

（2）首先单击"渲染"→"视频后期处理"按钮，打开"视频后期处理"对话框，如图 7-35 所示。单击"添加图像过滤事件"按钮，在列表中选择"镜头效果光斑"，如图 7-36 所示。

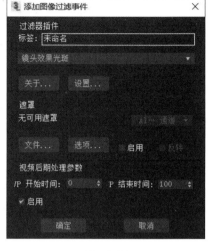

图 7-35　　　　　　　　　　　　　　　　　　　　图 7-36

（3）在选择"镜头效果光斑"后，单击"设置"按钮，就会打开"镜头效果光斑"对话框，单击对话框中的"预览"按钮，这样在修改参数时，窗口就可以实时更新光斑效果，如图 7-37 所示。添加光源，单击"节点源"按钮，在弹出的"选择光斑对象"对话框中选择"Omini001"，如图 7-38 所示，单击"确定"按钮，此时显示窗口中就会显示光斑效果。

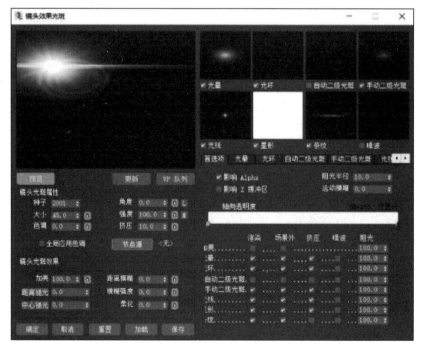

图　7-37

（4）修改参数,将"镜头光斑属性"组的"强度"设置为 80,在右侧的"首选项"面板

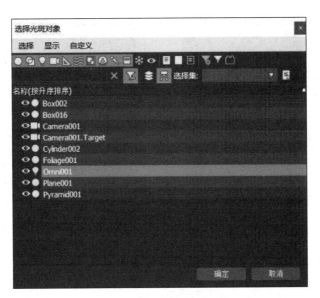

图 7-38

中，将"自动二级光斑"的"渲染"勾选，"阻光"设置为 50，如图 7-39 所示。在"光晕"面板中，将大小设置为 60，如图 7-40 所示。

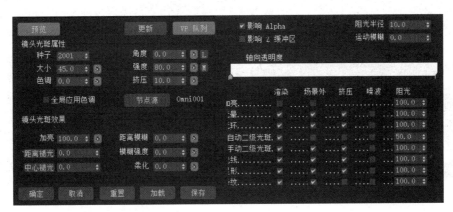

图 7-39

（5）继续修改参数，在"自动二级光斑"面板中，将"最小值""最大值""数量"分别设置为 5、20、15，并将径向颜色的最右边色标设置为 153、7、0，如图 7-41 所示。在"条纹"面板中，将"大小"设置为 100，"角度"设置为 −25，"锐化"设置为 2.0，修改"径向颜色"，中间色标颜色设置为 240、180、20，最右侧色标设置为 240、0、0，如图 7-42 所示。设置完成后，可以查看预览窗口的耀斑效果。

（6）单击"镜头效果光斑"对话框下方的"确定"按钮，返回到"视频后期处理"面板中，选择光斑范围条的最右侧的小方块到 100 帧，如图 7-43 所示。

（7）单击"执行序列"按钮，选择时间输出组中的单个选项，将"输出大小"设置为800×600，如图 7-44 所示，单击"渲染"按钮，即可渲染耀斑效果，如图 7-45 所示。

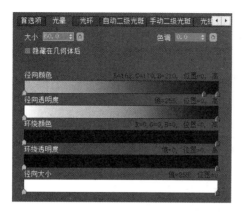

图 7-40

图 7-41

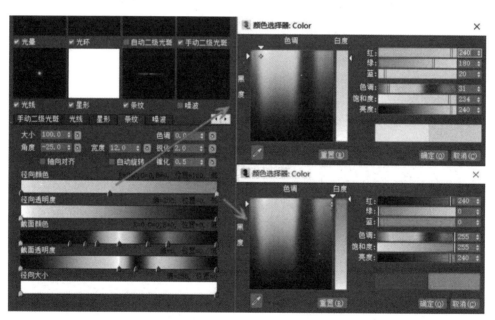

图 7-42

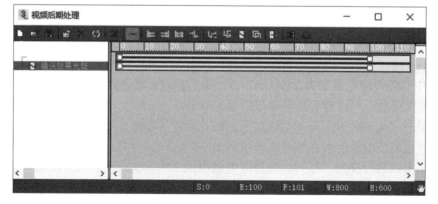

图 7-43

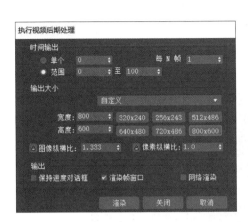

图　7-44

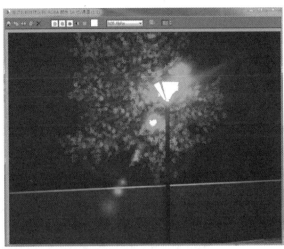

图　7-45

7.6　实训：火炬特效的制作

本节我们制作摄影机的常见动画，操作步骤如下。

（1）在场景中创建一个火炬、一面墙，以及一个目标聚光灯和泛光灯等。效果如图 7-46 所示。

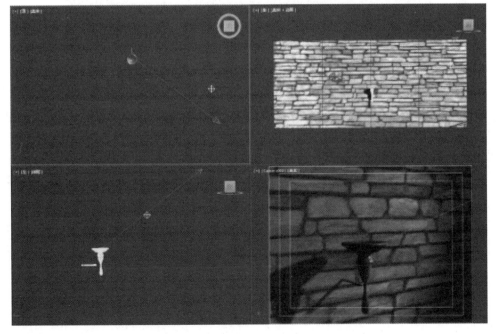

图　7-46

（2）首先单击"创建"→"大气装置"按钮，再单击"球体 Gizmo"按钮，在视图中创建一个大气装置，放在火炬模型的上方。在"修改"面板中，将"半径"设置为 26，并勾选"半球"，在视图中沿 Y 轴对半球进行适当拉伸，效果如图 7-47 所示。

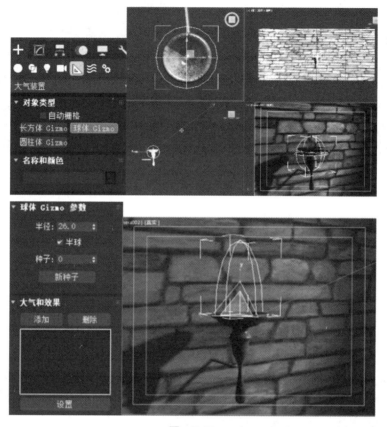

图　7-47

（3）打开"环境和效果"对话框，在"大气"卷展栏中单击"添加"按钮，在弹出的对话框中选择"火效果"，在"火效果"参数卷展栏中，单击 Gizmos 组的"拾取 Gizmos"按钮，将火效果添加到大气装置上，按 Shift+Q 组合键进行快速渲染。修改"火效果参数"，将图形组中的"火焰类型"设置为火球，"拉伸"设置为 2.0，"规则性"设置为 0.5，"火焰大小"设置为 30，"采样"设置为 30，如图 7-48 所示。

（4）下面开始设置动画效果。单击时间轴下方的"自动"按钮，将时间轴拖到 0 帧，在"动态"组中，将"相位"设置为 0，然后将时间轴拖到 100 帧，在"相位"中输入 200。将渲染器打开，渲染时间为 0~100，如图 7-49 所示。

（5）设置完成后，按 Shift+Q 组合键就可以对火炬特效进行渲染，效果如图 7-50 所示。

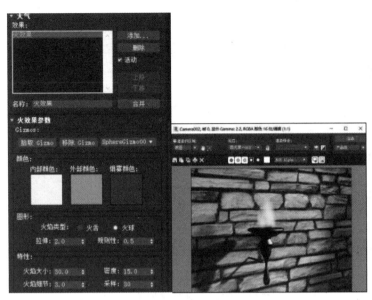
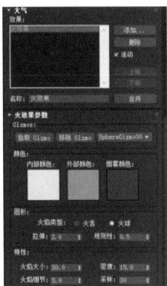

图 7-48

图 7-49

图 7-50

 实训评价

"火炬特效的制作"实训评价表如表 7-1 所示。

121

表 7-1 "火炬特效的制作"实训评价表

序号	工作步骤	评 分 项	评 分 标 准	得 分		
				自评	互评	师评
1	课前学习评价（30分）	完成课前任务作答（10分）	规范性30% 准确性70%			
		完成课前任务信息收集（5分）				
		完成任务背景调研PPT（5分）				
		完成线上教学资源的自主学习及课前测试（10分）				
2	课堂评价与技能评价（40分）	积极主动，答题清晰（10分）	表现积极主动，踊跃回答问题，5分 协助教师维护良好课堂秩序的，5分			
		熟练掌握课堂所讲知识点内容（10分）	根据知识点掌握程度酌情扣分，熟练10分，一般8分，需要协助6分			
		熟练操作完成课堂练习（14分）	根据软件操作熟练程度酌情扣分，熟练14分，一般11分，需要协助8分			
		实现案例模型的创建（6分）	独立实现案例模型创建，实现所有要点满分，少一个点扣2分			
3	态度评价（30分）	良好的纪律性（10分）	课堂考勤3分 服从管理4分 敬业认真3分			
		主动探究，能够提出问题和解决问题（10分）	态度积极5分 独立思考3分 乐于创新2分			
		团队协作能力（10分）	参与讨论2分 承担责任2分 乐于分享3分 领导能力3分			
合 计				10	20	70

思考与练习

1. 什么是环境编辑器？其特点有哪些？
2. 如何使用体积光？其特点是什么？
3. "公用参数"卷展栏的作用是什么？
4. 什么是"曝光控制"？
5. 大气是用于创建照明效果的插件组件，包含_____、_____、_____和_____四种大气效果。

第8章

渲　染

本章内容

　　本章主要介绍 3ds Max 的渲染器公用参数，对各种常用的渲染器类型进行详细解说。通过本章的学习，希望读者可以融会贯通，对渲染器类型的特性要有较深入的认识和了解，制作出具有想象力的图像效果。

学习目标

- 了解三维动画的渲染器公用参数；
- 熟悉三维动画的常用渲染器类型。

能力目标

- 掌握三维动画的渲染器参数及设置；
- 掌握三维动画的渲染器的应用。

8.1　渲染器公用参数

　　渲染是三维动画制作中的关键环节，将贴图、照明、阴影、特效等应用到场景模型中。在 3ds Max 中渲染效果的完成，需要使用"渲染设置"对话框（见图 8-1）来创建渲染并将其保存为图片或者视频文件等，形成最终的效果。"目标"用于选择不同的渲染模式，其渲染模式有以下几种，如图 8-2 所示。

　　（1）"产品级渲染模式"：默认设置。选择该选项，单击"渲染"按钮可使用产品级模式。

（2）"迭代渲染模式"：选择该选项，单击"渲染"按钮可使用迭代模式。

（3）"ActiveShade 模式"：选择该选项，单击"渲染"按钮可使用 ActiveShade。

（4）"A360 在线渲染模式"：打开用于 Autodesk RenderingCloud 渲染的控件。

（5）"提交到网络渲染"：将当前场景提交到网络渲染，选择此选项后，3ds Max 将打开"网络作业分配"对话框。

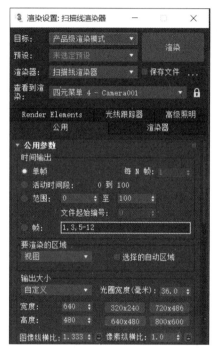

图　8-1

图　8-2

"渲染设置"对话框中其他参数功能如下。

（1）"渲染"：单击其可以使用当前目标模式（除网络渲染之外）来渲染场景。

（2）"保存文件"：快速设置保存即将渲染的文件。

（3）"预设"：用于选择预设渲染参数集，或加载并保存渲染参数设置，如图 8-3 所示。

（4）"渲染器"：可以选择需要的渲染器，如图 8-4 所示。

（5）"查看到渲染"：当单击"渲染"按钮时，将显示渲染的视口。

（6）"公用参数"卷展栏：包含适用于渲染的控件、选择渲染的控件，以及设置所有渲染器的公用参数。

图　8-3

图　8-4

8.2 渲染器类型

3ds Max 提供了默认"扫描线渲染器"、Arnold、"ART 渲染器""Quicksilver 硬件渲染器"和"VUE 文件渲染器"五种常用的渲染类型，如图 8-5 所示。

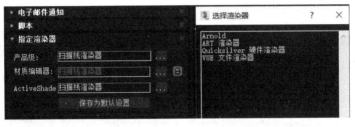

图　8-5

（1）默认"扫描线渲染器"：默认情况下，"扫描线渲染器"处于活动状态下。该渲染器以一系列水平线来渲染场景，可用于全局照明选项包括光跟踪和光能传递。"扫描线渲染器"也可以渲染纹理，其特别适合用来为游戏引擎准备场景，效果如图 8-6 所示。

（2）Arnold：该渲染器是一款高级的、跨平台的渲染器，是基于物理算法的电影级别渲染引擎，正在被越来越多的好莱坞电影公司及工作室作为首席渲染器使用。Arnold 渲染器特点：高速运动模糊、节点拓扑化、支持即时渲染、节省内存损耗等，启动渲染和光线跟踪时间都有明显的加速效果。特别是在多核心的机器上，大容量的体积缓存的速度可以提高 2 倍。预处理纹理的多线程速度可以提高 10 倍，隐藏的表面和曲线光线跟踪都更快。透明贴图可以提高渲染速度达 20%，图像渲染速度更快，噪点更少，效果如图 8-7 所示。

图　8-6

图　8-7

（3）"ART 渲染器"：Autodesk Raytracer（ART）渲染器是一种基于物理方式的 CPU 快速渲染器，适用于建筑、产品和工业设计的渲染与动画。"ART 渲染器"提供简单的参数设置，以及灵活的工作流。借助 ART，可以渲染大型、复杂的场景，并通过 Backburner 在多台计算机上利用无限渲染。"ART 渲染器"支持 IES、光度学和日光，可以创建高度精确的建筑场景图像。再同时使用基于图像的照明，就可以轻松渲染高度逼真的图像。

ART 的优势是 ActiveShade 中的快速、交互式工作流，可以快速操纵灯光、材质和对象。其渲染效果如图 8-8 所示。

（4）"Quicksilver 硬件渲染器"：该渲染器使用图形硬件生成渲染效果。它的优点在于渲染速度快，默认设置提供快速渲染，效果如图 8-9 所示。"Quicksilver 硬件渲染器"同时使用中央处理器（CPU）和图形处理器（GPU）加速渲染，这有点像是在 3ds Max 内设有游戏引擎渲染器。CPU 的主要作用是转换场景数据以进行渲染，包括为使用中的特定图形卡编译明暗器。因此，渲染第一帧要花费一段时间，直到明暗器编译完成。这在每个明暗器上只发生一次。越频繁使用"Quicksilver 硬件渲染器"，其速度将越快。

图 8-8   图 8-9

（5）"VUE 文件渲染器"：使用该渲染器（见图 8-10）可以创建 VUE 文件。

图 8-10

思考与练习

1. 3ds Max 中，有_____和_____两种不同类型的渲染方式。

2. 3ds Max 提供了_____、_____、_____、_____和_____五种常用的渲染类型。

参 考 文 献

[1] 刘增秀, 陈娟. 边做边学——3ds Max 9 动画制作案例教程 [M]. 北京：人民邮电出版社, 2011.

[2] 王馨民. 3ds Max 三维动画制作项目式教程 [M]. 北京：人民邮电出版社, 2015.

[3] 任肖甜. 3ds Max 动画制作实例教程 [M]. 北京：中国铁道出版社, 2016.

[4] 杨磊. 零点起飞学 3ds Max 2014 三维动画设计与制作 [M]. 北京：清华大学出版社, 2014.